LES LOISIRS

D'UN

INSTITUTEUR

BIBLIOTHÈQUE, AGRICOLE DES ÉCOLES PRIMAIRES

PARIS. — IMP. SIMON RAÇON ET COMP., RUE D'ERFURTH, 1.

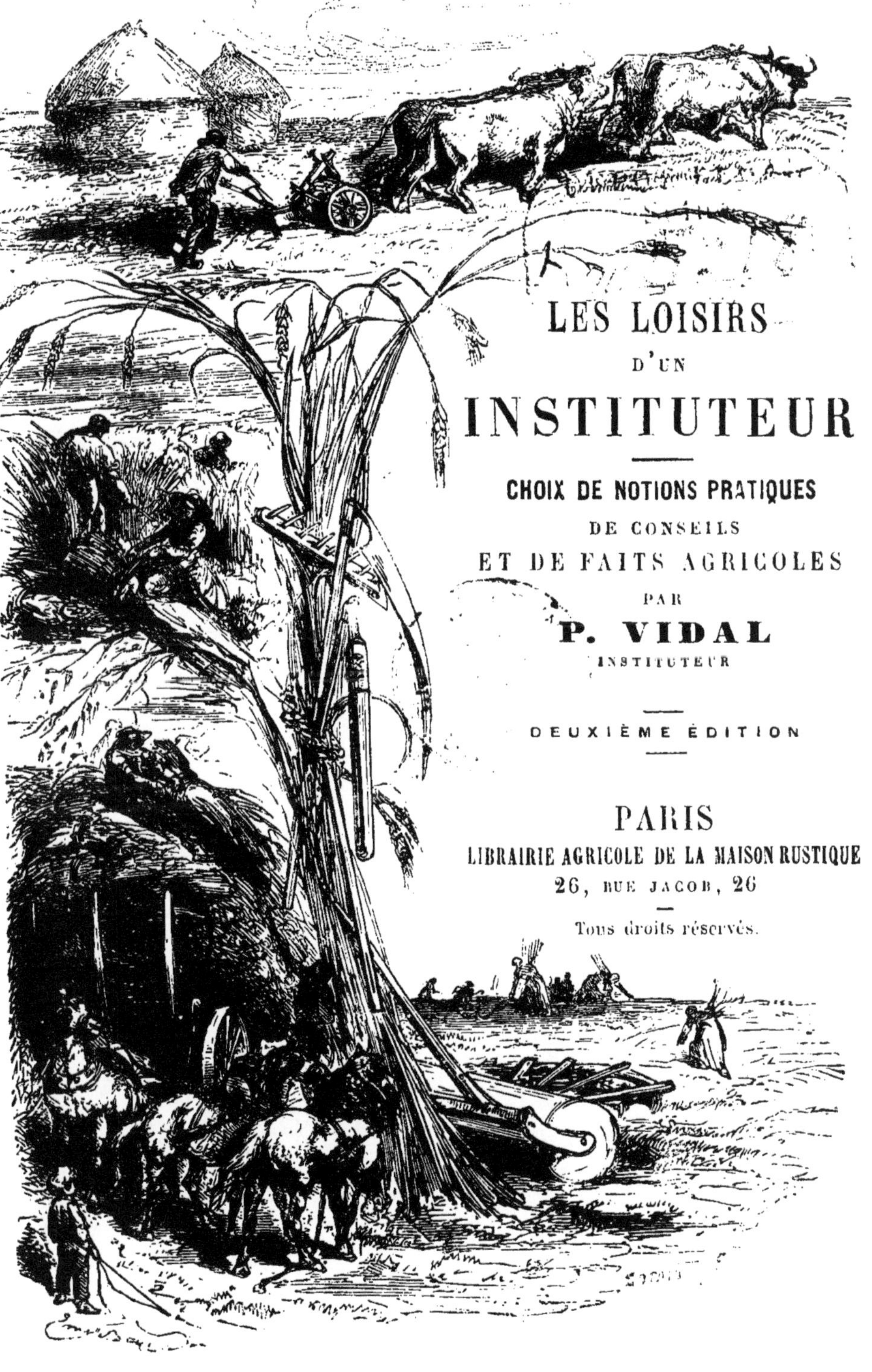

LES LOISIRS

D'UN

INSTITUTEUR

CHOIX DE NOTIONS PRATIQUES

DE CONSEILS

ET DE FAITS AGRICOLES

PAR

P. VIDAL

INSTITUTEUR

DEUXIÈME ÉDITION

PARIS

LIBRAIRIE AGRICOLE DE LA MAISON RUSTIQUE

26, RUE JACOB, 26

Tous droits réservés.

LES
LOISIRS D'UN INSTITUTEUR

PREMIÈRE PARTIE
LES PRAIRIES

DE LA NÉCESSITÉ DE DONNER DE L'EXTENSION AUX CULTURES FOURRAGÈRES

> Les fourrages sont la base de l'agriculture.
> (Axiome.)
>
> Si tu veux du blé, fais des prés.
> (JACQUES BUJAULT.)

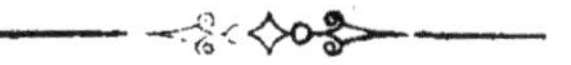

CONSIDÉRATIONS GÉNÉRALES

On a dit, il y a déjà bien longtemps, on l'a souvent répété depuis et on le proclame journellement encore, que les fourrages sont la base fondamentale d'une bonne agriculture, qui est elle-même un des éléments les plus essentiels de la prospérité d'un pays. On peut ajouter, sans crainte de trop s'engager, que les propriétaires qui méconnaîtront cette importante vérité marcheront directement vers leur ruine, qui arrivera toujours, tôt ou tard, suivant les conditions dans lesquelles chacun se trouvera respectivement placé : on a partout, autour de soi, de nombreux exemples qui viennent à l'appui de cette vérité.

La nécessité de donner une plus grande extension ou la plus grande extension possible aux productions fourragères paraît être aujourd'hui assez généralement sentie ; mais l'indifférence que l'on continue à montrer pour obtenir ce résultat si désirable, prouve que les avantages de ce système d'exploitation ne sont pas encore suffisamment appréciés : la routine, la défiance, les préjugés populaires et peut-être aussi l'ignorance l'emportent encore sur la raison et les faits les plus clairs, les plus concluants.

Cette apathie pour le progrès ou perfectionnement dont l'agriculture est cependant susceptible et cet attachement à d'anciennes habitudes que la pratique même condamne, sont nuisibles à tous les intérêts. Malheureusement les premiers intéressés dans la question sont ceux qui y réfléchissent le moins : aveuglés par des apparences trompeuses, ils tournent et retournent constamment dans un cercle des plus vicieux ; ils souffrent, s'épuisent en vains sacrifices, sans chercher la cause de leurs maux et moins encore les moyens rationnels de les faire cesser.

Il est pourtant un système clair, simple et même facile, à la portée de tous, convenant à la petite comme à la moyenne et à la grande culture, quelle que soit d'ailleurs la nature du sol sur lequel on agit, un système, enfin, d'une application des plus générales, d'une infaillibilité incontestable et le seul propre à augmenter considérablement, en peu de temps, la fortune publique, conséquence naturelle de la prospérité individuelle.

C'est ce système qui va être exposé dans les lignes suivantes, qui s'adressent à tout le monde indistinctement, parce qu'il n'est personne, dans la société, qui n'ait un véritable intérêt dans une affaire aussi capitale; et si on était assez heureux de pouvoir faire passer dans l'esprit du public les convictions qui viennent d'être émises et de généraliser ainsi une méthode déjà consacrée par l'expérience et dont on peut garantir d'ailleurs le succès, on verrait bientôt partout moins de gêne, moins de souffrances et plus d'attachement pour un sol que la génération qui s'élève n'est que trop portée à déserter, pour courir inconsidérément vers les villes, dont elle ne connaît certainement pas tous les dangers. Chacun trouverait alors chez soi le pain que beaucoup se croient obligés maintenant d'aller chercher ailleurs, et les ressources du pays seraient ainsi mieux partagées.

SYSTÈME D'EXPLOITATION AGRICOLE

But du système proposé. Le système proposé, plus pratique que théorique, a pour but :

1° D'obtenir sans de nouvelles dépenses, c'est-à-dire dans les conditions ordinaires où chacun se trouve placé, et tout en améliorant la nature du sol, le plus fort revenu net possible des terres affectées à la culture des céréales, dont la plus grande partie ne donnent que des produits tout à fait médiocres, presque nuls, achetés cependant au prix des plus grands sacrifices;

2° De retirer principalement des plus mauvais terrains que l'on cultive et qui, on peut le dire en toute assurance, ne donnent que de la perte, et une perte relativement considérable, un revenu équivalent et souvent même supérieur à celui des meilleures terres par la méthode en usage;

3° De diminuer enfin les travaux ruineux inhérents à la marche généralement suivie, et de tripler, par cette économie et les autres résultats obtenus par la manière d'agir conseillée, le revenu de l'ensemble des terres d'une propriété.

Ce système consiste à donner de l'extension aux productions fourragères, de manière que la moitié au moins, sinon les deux tiers, des terres arables soient constamment en état de prairie, et à augmenter dans la même proportion la quantité de bétail destinée à leur consommation; c'est la seconde condition essentielle du système dont il s'agit.

Culture des céréales; ses mauvais résultats dans les conditions où elle se pratique. — Tout prouve que, jusqu'ici, l'on ne s'est jamais rendu un compte exact de ce que coûtent au cultivateur ou au propriétaire les récoltes de plus de la moitié des terres, et, partant, des bénéfices ou des découverts qu'elles donnent.

Réparons ensemble aujourd'hui cette omission, ou plutôt cette négligence si regrettable; précisons bien les faits, et voyons si c'est faire preuve de bon sens et de prudence en persévérant dans une voie aussi défectueuse, on pourrait même ajouter aussi dangereuse.

Prenons pour unité et pour base de nos calculs un hectare de terre de moyenne valeur (3e classe). S'il est prouvé que ces terres donnent de la perte, la perte relativement plus considérable des classes inférieures sera également démontrée; et comme dans un grand nombre de cantons les mauvaises terres sont beaucoup plus communes que les bonnes, il restera acquis que le revenu dont les dernières seraient susceptibles se trouvera absorbé, et bien au delà, par la perte évidente que donnent les premières.

Ces terres sont généralement soumises à un assolement triennal qui n'a peut-être pas varié depuis des siècles, et donnant, dans les trois ans, une chétive récolte de blé, et, souvent, une plus chétive récolte d'avoine. La première, qui vient nécessairement après une jachère, exige au moins trois labours, non compris celui de l'ensemencement ni les hersages, qui concourent puissamment à l'ameublissement des terres, et qui, pour ce motif, ne doivent pas être négligés.

Or, il est constaté que, dans ces conditions, la dépense d'un hectare pour les deux récoltes ci-dessus, s'élève à la somme de 429 francs, savoir :

BLÉ.

1° Quatre façons (ensemencement, hersages et frais généraux compris) à 30 francs l'une, ci . . . . . . 120 fr.

2° Fumier pour une très-médiocre fumure, équivalente, à peu près, à une demi-fumure seulement, 30 m. cubes, à 4 francs l'un, ci 120

3° Semence, 2 hectolitres, à 20 fr. l'un, ci 40

4° Moisson 16

5° Battage 18

6° Transport du fumier (seulement pris à la ferme) 2 journées, à 4 francs l'une, ci 8
                                                    ———
                                                    322

AVOINE.

7° Une façon (ensemencement et hersage compris), ci . . . . 35 ⎫

8° Semence, 2 hect. 50, à 8 francs l'un, ci . . . . 20 ⎬ 77

9° Moisson . . . . 10 ⎪

10° Battage . . . . 12 ⎭

11° Travaux divers, pour tirer les bordures, curer les fossés et les raies d'eau ; pour sarcler, transporter les récoltes en grange et les grains au marché, etc. 30

SOMME ÉGALE . . . . 429 [1]

[1] Loyer de la terre et impôt foncier . . . . . . P. Mémoire. On a omis, à dessein, de faire figurer le loyer de la terre et

Tandis que la valeur des deux récoltes dont il s'agit n'est que de 345 francs; car, si on cherche à connaître le rendement véritable, on trouvera qu'il varie de 8 à 10 hectolitres, pour le blé, et de 10 à 14 pour l'avoine; en sorte qu'en prenant la moyenne, on a :

BLÉ.

9 hectolitres, à 20 fr. l'un, ci.	180
Paille, 1/4 de la valeur du grain (180 fr.), ci.	45

AVOINE.

12 hectolitres, à 8 fr. l'un, ci	96
Paille, 1/4 de 96 (valeur du grain), ci.	24
SOMME ÉGALE.	345

La comparaison de ces deux résultats donne un déficit de 84 fr.

En déduisant la valeur des pailles, 45 fr., plus 24 fr., ensemble 69 fr., du montant général des dépenses, il reste 360 fr. pour le coût des grains; et en attribuant les deux tiers de cette somme à la récolte du blé et un tiers à celle de l'avoine, on trouve que le prix de revient de l'hectolitre est de 26 fr. 66 pour le blé, et de 10 fr. pour l'avoine, prix des années de disette ou de stérilité.

Ces chiffres, qui sont le résultat d'un calcul plutôt bas que trop fort, pour les dépenses, et plu-

l'impôt foncier dans le compte des dépenses, afin que l'on ne pût pas taxer d'exagération les résultats plus loin constatés.

tôt élevé que trop bas, pour les recettes, rapprochés des cours moyens qui ont servi de base dans les évaluations ci-dessus, donnent 6 fr. 66 de perte pour chaque hectolitre de blé, et 2 fr. pour chaque hectolitre d'avoine.

Ce qui précède ne s'applique pas, bien entendu, aux bonnes terres, qui malheureusement, dans certains cantons, du moins, sont d'une superficie bien moindre que les autres. Cette réserve faite, que l'on ne crie pas à l'exagération : si on veut bien se donner la peine de se livrer à des appréciations exactes sur cet important sujet, on trouvera peut-être que, dans ces constatations, on reste encore au-dessous de la vérité. En effet, on ne compte pour la semence du blé que 2 hectolitres, à 20 francs, tandis que le plus souvent on en emploie 2 hectolitres 50 ; et lorsque le cours des blés ordinaires est de 20 francs, le prix de celui de la semence est de 25 francs, ce qui donnerait une vingtaine de francs de différence ; de même, lorsque le prix courant de l'avoine est de 8 francs, la qualité destinée aux semences se paye 9 ou 10 francs. La semence du blé et de l'avoine réunis coûterait donc de 25 à 30 francs de plus qu'elle n'a été comptée ; et à ce chiffre il faudrait encore ajouter le loyer de la terre ainsi que les impositions, ce qui donnerait, ensemble, une somme relativement importante, qui augmenterait d'autant le déficit constaté et accroîtrait considéra-

blement le prix de revient de ces deux céréales,
déjà beaucoup trop élevé. Ce sont là des faits no-
toires, évidents, qui s'accomplissent au grand jour,
qui se passent sous les yeux de tout le monde;
c'est le résultat, enfin, d'une expérience de plusieurs années et d'un examen des plus approfondis.
Ce résultat est basé aussi sur les données des praticiens eux-mêmes et des personnes les plus compétentes.

Ainsi, le propriétaire dont l'exploitation com-
prendra 2, 3.....5.....10, etc., hectares de terrain
de la nature de celui qui nous occupe, éprouvera,
à la fin de l'assolement, une perte certaine, deux,
trois..... cinq..... dix, etc., fois plus forte. En
marchant dans cette voie, sa ruine est inévitable;
et non-seulement il se ruine lui-même, mais il
ruine encore ses terres, ou plutôt ses terres très-
souvent le ruinent, à cause des vices de la méthode
adoptée, qui ne repose sur d'autres bases que celle
d'une vieille routine. Ce qui vient d'être dit explique la situation défavorable ou mieux encore mauvaise de beaucoup d'exploitations rurales, et la
position critique de leurs propriétaires, pour la
plupart gens laborieux et jadis dans l'aisance[1].

---

[1] Ces faits sont du moins l'expression sincère et véritable de ce
qui se passe dans la localité, ou plutôt dans la contrée où l'on écrit
ces lignes, et s'il est des cantons qui se trouvent dans une situation bien différente, il en est beaucoup aussi, qu'on nous permette
de l'affirmer, qui se trouvent dans la même position ou une position analogue, pour ne pas dire pire.

Vices des procédés ou du système de culture en usage. — Dans les conditions où elle se pratique, la culture des céréales sur des terres telles que celles que nous considérons est donc véritablement ruineuse pour les propriétaires : ne pas le reconnaître, ce serait nier l'évidence. Elle appauvrit de plus en plus le sol, qui ne reçoit point dans les proportions voulues les substances indispensables pour qu'il soit susceptible de production, et si l'on continue de suivre cette pente où l'on semble irrésistiblement entraîné, il arrivera un moment, et ce moment ne paraît pas déjà bien éloigné pour certaines propriétés, que les terres ainsi traitées se trouveront entièrement épuisées et frappées d'une complète stérilité. Si on compare les résultats obtenus aujourd'hui sur certaines parcelles, et même sur des domaines entiers, avec ceux d'autrefois, on verra combien cette remarque est judicieuse.

Cet appauvrissement de la terre, par l'absence de fumier, est un fait qui se produit même dans les contrées primitivement les plus fertiles. Miss Nartineau rapporte que, voyageant dans la partie Sud des États-Unis d'Amérique, elle a souvent rencontré, au milieu des campagnes incultes, des fermes que les propriétaires avaient abandonnées, parce qu'à la suite de récoltes continues de tabac, de coton, de maïs, de riz ou de canne à sucre, toujours sans engrais, le sol en était arrivé

à ne plus couvrir les frais de culture par ses produits. Les propriétaires, prévoyant leur ruine,
étaient allés s'établir ailleurs sur des terres
vierges. La même chose a lieu, quoique à un
moindre degré, dans les États du Nord.

Cela n'a-t-il pas lieu aussi chez nous? Combien
de propriétaires n'a-t-on pas vus qui, après avoir
prospéré pendant quelque temps sur leurs patri-
moines, ont fini, pour la même cause, par ne pouvoir plus y vivre, et se sont vus dans la dure nécessité de les abandonner pour aller chercher
ailleurs de nouveaux moyens d'existence!

Avantages de la production fourragère. —
Voyons maintenant si la production fourragère,
substituée à la culture des céréales ou plutôt aux
jachères, ne donnerait pas un meilleur résultat.
Prenons toujours l'hectare pour terme de comparaison et pour base de nos calculs.

Il résulte des appréciations faites par les personnes les plus compétentes et par ceux mêmes
dont les procédés agricoles sont le plus en opposi-
tion avec notre système, qu'un hectare en fourrage
donne au moins la nourriture nécessaire pour l'alimentation de quinze bêtes à laine, surtout si on dispose de quelques terres vagues, non susceptibles de
culture, mais pouvant servir de pacage, et que l'on
pourra tenir autant de fois quinze moutons ou brebis, ou une tête de gros bétail, que l'on aura d'hectares en fourrage de l'espèce qui convient le mieux

à la nature du sol qu'il s'agit de rendre productif. Or, une brebis portière donne annuellement, avec son agneau, 10, 12, 15 francs et même plus de revenu, et, en ne prenant que le minimum, quinze brebis donneraient 150 fr. Cent cinquante francs seraient donc le revenu annuel d'un hectare, ce qui donnerait 450 francs pendant la durée de l'assolement triennal, et tandis que, par les procédés en usage, la terre devient de plus en plus stérile, tout en donnant de la perte au cultivateur ou au propriétaire, par notre système elle donne, dans les contrées que nous avons en vue, le revenu d'une terre de première classe, tout en améliorant le sol et en facilitant l'amélioration des autres cultures par la production constante du fumier qui est une conséquence de notre manière d'agir.

Le bénéfice produit par les bêtes ovines pourrait être obtenu d'une autre manière par l'élève des autres espèces d'animaux.

Réponse à certaines objections relatives au système proposé. — Quelques personnes, sans doute peu habituées à réfléchir, osent objecter que si tout le monde adoptait notre système d'exploitation, il n'y aurait bientôt plus ou pas assez de grain, tandis qu'il y aurait beaucoup trop de bétail.

A cela nous répondrons que la quantité de grain récoltée serait toujours au moins la même, si elle n'augmentait pas, et que la multiplication du bétail, loin d'être nuisible, serait si avantageuse, si nécessaire même, que, dans les circonstances actuelles, elle ne saurait assez éveiller la sollicitude des producteurs comme celle des consommateurs, ou plutôt de la société tout entière et du Gouvernement en particulier.

Nous disons d'abord que la quantité de grain récoltée par le système proposé serait au moins égale, sinon supérieure, à la quantité récoltée par les procédés en usage, lors même que l'on diminuerait momentanément l'étendue actuelle de la culture des céréales.

En effet, quiconque est un peu attentif aux phénomènes qui ont lieu autour de nous, peut avoir remarqué (et si on n'a jamais fait cette remarque on pourra la faire quand on voudra) que si une partie de la récolte d'une terre de troisième ou de quatrième classe a reçu une demi-fumure et que l'autre partie n'ait reçu aucune espèce d'engrais, le produit de la première partie sera positivement supérieur à celui de la seconde : on évalue généralement au double le rendement de la parcelle fumée. Si donc on avait augmenté, doublé, par exemple, la dose d'engrais sur la partie fumée, le produit aurait augmenté, sinon dans la même proportion, du moins dans une proportion toujours considérable, surtout si, avec l'engrais, on avait augmenté les soins de culture.

En sorte qu'on peut dire que, jusqu'à une certaine limite, le rendement est en raison directe de la quantité d'engrais employée, et en raison inverse de l'extension des cultures : en semant beaucoup, on sème mal, et en semant mal, on récolte peu : tandis qu'en semant peu, on peut bien semer, et en semant bien, on récolte beaucoup.

Il résulte de ce principe fondamental, et qui sera toujours vrai, que si on donnait à la moitié des terres actuellement consacrées à la culture des céréales les soins de culture et la fumure que l'on donne à la totalité, cette moitié rapporterait autant que l'ensemble, tout en diminuant la main-d'œuvre, ce qui est une économie importante et qui, dans les circonstances présentes, mérite d'être prise en considération.

D'ailleurs, si on n'est pas suffisamment convaincu de l'exactitude de ce qui vient d'être dit, on n'a qu'à en faire l'essai, et l'expérience dissipera tous les doutes.

Que l'on prenne dans un champ de la classe qui nous occupe, et l'une à côté de l'autre, quatre surfaces égales de 2 ou 3 mètres carrés, par exemple ; qu'on sème ces quatre surfaces, la première sans engrais, la deuxième avec une fumure médiocre ou une demi-fumure, la troisième avec une fumure double à la précédente ou une fumure entière, et la quatrième avec un surcroît de fumure ; que l'on coupe ensuite séparément ; que l'on pèse et que l'on compare enfin ces quatre produits. Les personnes les plus compétentes sont unanimes pour déclarer que le rendement de la deuxième parcelle sera double de celui de la première; que celui de la troisième sera encore double de celui de la deuxième, et que celui de la quatrième sera à peu près un tiers de fois plus fort que celui de la troisième; en sorte que si, par hypothèse, le premier est représenté par 4 1/2, le deuxième sera 9, le troisième 18 et le quatrième 24; et ce dernier résultat même, qui n'est que fictif, n'aurait rien d'extraordinaire, puisqu'il serait encore inférieur à celui que l'on obtient, dans ce cas, en Angleterre, en Écosse, en Belgique et dans d'autres contrées encore qui se trouvent peut-être dans des conditions climatériques moins favorables que nous. Alors seulement notre agriculture approcherait du degré auquel il convient de l'élever.

Ainsi à l'aide d'une bonne fumure, ce qui porterait à 549 francs le montant de la dépense d'un hectare pendant l'assolement triennal, on aurait 18 hectolitres de blé et 24 hectolitres d'avoine, qui, d'après les bases des évaluations faites précédemment, vaudraient 690 francs et donneraient un excédant de recette de 141 francs; et, en attribuant les 2/3 de la dépense totale à la récolte du blé et 1/3 à celle de l'avoine, on trouve que le prix de revient de l'hectolitre est de 20 fr. 33, pour le blé, et de 7 fr. 34, pour l'avoine, paille comprise, et c'est le prix normal de ces céréales ; tandis que dans les circonstances actuelles les prix respectifs de ces mêmes céréales sont, comme nous l'avons vu plus haut, de 26 fr. 66 et 10 fr., pour le grain seulement. Si, ce qui est généralement admis, du moins par les Compagnies d'assurance contre la grêle, qui ont été amenées à déterminer le rapport existant entre le grain et la paille, celle-ci entre pour 1/5 dans la valeur brute de l'hectolitre, le prix net du grain, dans notre hypothèse, sera de 15 fr. 25, pour le blé, et de 5 fr. 51, pour l'avoine, chiffres qui sont en parfait rapport avec ceux de la statistique générale agricole.

En diminuant donc, dans les conditions indiquées, la culture des céréales, on ne récolterait pas moins : on récolterait toujours autant et souvent davantage.

Il suit de là, aussi, que si on parvenait, par quelque combinaison, à disposer un jour de ressources suffisantes pour traiter l'étendue actuelle des cultures comme l'on a traité les parcelles numéros 3 et 4, sus-relatées, on doublerait, on triplerait, avec le rendement, la quantité des produits récoltés aujourd'hui.

Mais, pour obtenir ces résultats favorables, qu'il serait si avantageux de voir se généraliser, il faudrait pouvoir fumer deux fois plus qu'on ne le fait dans nos contrées. Or, notre système fournit les moyens, dans la première hypothèse, de donner

une fumure, non pas double, mais triple de celle
que l'on donne habituellement à nos pauvres terres. Il s'agit de faire des fourrages aux deux tiers
ou à la moitié, au moins, des terres affectées à la
culture des céréales, dans lesquelles on comprend
les jachères, et d'augmenter, dans la même proportion, le bétail destiné à la consommation de ce
nouveau produit.

**Opinion erronée au sujet des cultures four-
ragères.** — Ici arrive une autre objection. On nous
dit que les fourrages ne réussissent pas partout, et
que, dans ce cas, notre système ne saurait être
mis utilement en pratique. — C'est une erreur
d'autant plus accréditée qu'elle n'a été peut-être
jamais sérieusement combattue. Oui, sans doute,
les fourrages ne viennent pas partout également
on le sait, et particulièrement dans la contrée où
l'on écrit ces lignes. Cela peut tenir un peu, si on
le veut, à la nature et à la situation du sol, ainsi
qu'à quelques autres circonstances physiques ;
mais cela dépend surtout de ce que l'on procède
mal, très-mal. Si on prenait les précautions nécessaires, la réussite des fourrages serait à peu près
partout assurée : elle le serait toujours autant que
beaucoup d'autres cultures. Un peu d'attention
prouvera l'exactitude de cette assertion.

Il est des contrées privilégiées qui donnent in-
différemment, à profusion, des céréales, des fourrages et des produits de toute espèce ; quoique

dans ces contrées on pût souvent obtenir de meilleurs résultats que ceux que l'on obtient, les propriétaires sont toujours très-rémunérés et ces pays sont riches : ce n'est pas pour eux précisément que l'on écrit ; il en est d'autres où les prairies artificielles abondent, alors que les prairies naturelles, s'il en existe, ne donnent, à cause de leur rareté, qu'un faible produit, et il en est enfin où l'on ne voit presque pas de prairies artificielles, tandis que l'on y rencontre passablement de prairies naturelles. Pour les terres de l'avant-dernière catégorie, on est sûr de pouvoir augmenter à volonté la production fourragère et obtenir ainsi le résultat déjà plusieurs fois signalé. Quant aux dernières, on admet que ce but ne puisse pas être atteint aussi facilement et surtout aussi promptement, mais on déclare qu'il n'est pas impossible à atteindre.

Établissement des prairies artificielles.—Voici le premier moyen : Quand on voudra mettre un champ en fourrages, on préparera préalablement à un coin quelques centiares dans les mêmes conditions que l'on prépare ordinairement un carreau de jardin : défoncement profond, s'il y a lieu, ameublissement, fumure énergique. On sèmera sur cette surface ainsi préparée, un mélange de toutes les graines fourragères artificielles connues ; on examinera ensuite avec soin celles qui viennent le mieux. Cette remarque faite, on préparera toute l'étendue du champ comme l'on a préparé la partie qui a servi à faire l'expérience proposée, et l'on sèmera partout celle des différentes plantes fourragères qui aura le mieux réussi. On procédera de même pour toutes les terres que l'on voudra convertir en prairies artificielles. De cette manière, on sera toujours certain d'avance d'obtenir un plein succès, car parmi les graines semées à titre d'essai, il y en aura toujours quelqu'une qui aura prospéré sur un terrain préalablement ameubli comme il a été dit. On fait observer seulement qu'en faisant cette expérience, il est bon de semer clair afin de pouvoir mieux juger ensuite de l'état de chaque plante et de faire son choix en toute connaissance de cause.

Si on suit fidèlement les indications qui viennent d'être indiquées, ce moyen réussira toujours, et il suffira pour atteindre le but proposé.

Création de nouvelles prairies naturelles. — Le second moyen, encore plus infaillible et toujours praticable, consiste à créer de nouvelles prairies naturelles, tout en améliorant surtout celles qui existent déjà, de manière à élever la production fourragère au niveau de celles des terres de la deuxième catégorie.

Ainsi qu'on l'a dit plus haut, partout où les fourrages artificiels font défaut, n'importe pour quelle cause, les prairies naturelles y suppléent; seulement, elles n'y suppléent pas dans les proportions nécessaires pour obtenir le résultat que nous poursuivons : c'est une lacune que tous les propriétaires pourraient et devraient combler.

Les terres de la dernière catégorie qui ne sont pas frappées d'une stérilité absolue sont susceptibles de produire de l'herbe, à tel point que celle-ci envahit souvent les récoltes, en dépit même du cultivateur ; cela dépend ordinairement de ce qu'elles retiennent l'humidité ; en sorte que ce qui est un obstacle pour la création des prairies artificielles, est un auxiliaire pour l'établissement des prairies naturelles, auxquelles on peut, dans ce cas, donner telle extension que l'on voudra : la présence de celles qui existent déjà prouve la certitude de ce que nous disons. Il est cependant des sols qui, en raison de leur situation, sont plus propres que beaucoup d'autres à l'établissement de ces prairies : il faut toujours choisir ceux-là de préférence.

En agissant ainsi, on peut multiplier la masse des fumiers dans la proportion de celle des fourrages, et, partant, le rendement, dont le produit sera encore supérieur au produit primitif.

Ainsi, contrairement à l'opinion émise par certaines personnes et même par des agronomes distingués, les prairies naturelles existantes doivent être maintenues, du moins pour les terres de la catégorie dont on vient de parler ; au lieu de les faire disparaître, comme on le conseille, on doit travailler à les améliorer et à leur donner de l'extension. D'ailleurs, sans contester les avantages qu'il pourrait y avoir à remplacer ces sortes de prairies par les prairies artificielles sur les terres où celles-ci réussissent facilement, ces avantages ne sont peut-être pas aussi importants qu'on semble le croire au premier abord. Une prairie naturelle qui est dans un bon état d'entretien, peut donner, en quantité, l'équivalent d'une prairie artificielle établie sur le même sol, et quoique la qualité des fourrages artificiels semble être généralement préférée, celle des foins est souvent préférable. L'avidité avec laquelle les animaux mangent les premiers peut les faire croire meilleurs que les derniers, mais, en réalité, ceux-ci leur font plus de bien[1]. Ici encore l'expérience vient à l'appui des faits énoncés.

Il résulte des analyses faites au sujet des principes nutritifs contenus dans les différentes espèces de fourrages qu'un kilogramme de foin ordinaire des prairies naturelles équivaut à un kilogramme des meilleurs fourrages artificiels, luzerne, trè-

[1] De ce que les animaux semblent préférer les fourrages des prairies artificielles à ceux des prairies naturelles, il est des personnes qui semblent conclure que les premiers sont supérieurs aux derniers. Par analogie, on pourrait donc dire aussi que, puisque l'homme mange un gâteau ou une pièce de pâtisserie avec beaucoup plus de plaisir qu'un morceau de pain, cette dernière nourriture ne fait pas autant de bien que la première, et cependant on sait, personne n'oserait le contester, que tout le contraire a lieu. Le pain est la principale nourriture de l'homme, et le foin celle des animaux.

fle, etc , tandis qu'un kilogramme de ces derniers ne correspond qu'à six dixièmes de kilogramme de foin choisi des prairies naturelles [1].

Les moyens conseillés pour l'établissement des prairies artificielles s'appliquent aussi à la création des prairies naturelles. Quant à l'amélioration des anciennes, la condition la plus essentielle, c'est de leur donner des engrais et non de les laisser, comme on le fait habituellement, dans un complet abandon. À défaut de fumier et de cendres, dont il faudrait cependant trouver le moyen de se pourvoir, on peut, en attendant, employer avec fruit, toute espèce de liquides ou purin, la balle des céréales, les marcs de raisins et autres espèces de résidus, les pelures des fossés, les balayures des granges et la poussière des chemins, ainsi que celles des fours à chaux et à plâtre, etc.

Des hersages, en long et en travers, avant et après la distribution de ces matières, avec une herse armée de couteaux bien tranchants, contribuent puissamment à obtenir un meilleur résultat.

[1] Quelques agriculteurs, très-distingués d'ailleurs, nient ce qui vient d'être dit au sujet de la valeur nutritive attribuée au foin des prairies naturelles. Pour toute réponse, nous dirons que les données ci-dessus ont été empruntées à un travail de M. Boussingault sur les équivalents des différentes espèces fourragères ; et si, comme on a lieu de le supposer, l'impression du tableau que l'on a sous les yeux au moment où l'on écrit ces lignes, n'est pas erronée, personne assurément ne voudra contester de bonne foi le résultat des expériences d'une telle autorité en agronomie, expériences contrôlées aussi par divers cultivateurs.

**Prairies à demi naturelles et à demi artifi-
cielles.** — On peut encore atteindre le but proposé
à l'aide d'une espèce de prairies mixtes, dont les
avantages sont faciles à apprécier. Ce moyen, très-
efficace, est pratiqué depuis longtemps en Angleterre, en Écosse, en Hollande, en Belgique, en
Allemagne et quelque peu aussi dans le nord de la
France, c'est-à-dire dans les contrées où l'agriculture est le plus en voie ou en état de prospérité.
Il consiste à récolter, pour ensemencer les prairies, les graines des graminées de toute espèce le
mieux appropriées à chaque nature de sol ; on
obtient ainsi des prairies permanentes qui ne sont
ni tout à fait naturelles, ni complétemeut artificielles et dans lesquelles ne croissent que les plantes
capables d'y donner le plus possible de bon fourrage. C'est une pratique que l'on ne saurait assez
recommander aux cultivateurs français, et notamment à ceux des contrées où la culture des plantes
fourragères est si négligée.

Culture des racines fourragères. — Outre les
prairies artificielles, les prairies naturelles et les
prairies mixtes, on a une autre ressource, précieuse
à tous égards, pour accroître la production fourragère, c'est la culture des racines, dont la betterave
et le topinambour semblent devoir occuper le
premier rang, après la pomme de terre ; les avantages de cette dernière sont trop connus et trop
bien appréciés par tout le monde pour qu'on cher-

che à les faire ressortir ici. La culture de ce tubercule et de ces racines, qui paraît être praticable dans tous les pays, et généralement toutes celles qui ont pour but d'augmenter les produits fourragers, ne doivent pas être négligées.

Rôle et création du capital d'exploitation. — On objecte aussi que notre système nécessite un capital relativement important, et on nous demande comment pourront se le procurer ceux qui ne l'ont pas et qui veulent néanmoins travailler sincèrement au progrès agricole.

Nous savons que le capital d'exploitation joue un grand rôle, le principal rôle même dans la question qui nous occupe; comme ceux qui nous font ces judicieuses observations, nous ne sommes pas d'avis que les cultivateurs à qui ce capital fait défaut, aillent le demander à nos institutions de crédit agricole actuellement existantes, utiles cependant à différents égards et dans certaines circonstances : ce serait souvent hâter leur ruine. Il faut que ce capital, pour être réellement avantageux, soit créé par l'agriculture elle-même, c'est-à-dire par les procédés et le talent de l'exploitant : c'est en cela que doit consister le véritable progrès, et la solution de cette question est une conséquence, ce nous semble, du système proposé.

En effet, en conseillant de réduire provisoirement l'étendue actuelle de la culture des céréales

ou des terres arables, tout en obtenant le même
produit, on a principalement en vue : 1° l'économie de la semence; 2° la suppression d'une partie
des travaux et de la main-d'œuvre en particulier;
3° l'extension des pâturages ou herbages comme
préliminaires de celle des fourrages proprement
dits; 4° enfin augmentation de bétail en proportion des ressources fournies par les trois éléments
précédents, et, partant, abondance de fumier à répandre sur une moindre surface. Au minimum, on
peut évaluer à 30 francs la valeur de la semence
et des travaux supprimés, et à 20 francs le revenu
annuel d'un hectare en pâturages, soit 50 francs
pour le bénéfice net, dans un an, d'un hectare de
terrain de moyenne valeur. En sorte que si une
ferme comprend 20 hectares, par exemple, de
terre de la classe dont il s'agit, et que, suivant la
méthode indiquée, on concentre sur la moitié ou
10 hectares, sinon sur un tiers, comme il serait à
désirer, du moins pendant un certain temps,
toutes les ressources que l'on disséminait sur la
surface double, outre le rapport primitif, provenant de la première partie seulement, on aura un
bénéfice de 500 francs, résultant des économies et
du revenu réalisés sur la seconde partie qui, pour
le moment, n'est plus l'objet d'aucune dépense.
Voilà un premier capital, et ce capital, relativement considérable, se reproduira tous les ans de
la même manière.

Si, après l'avoir suffisamment améliorée, ce qui aura bientôt lieu par l'application des moyens conseillés, on convertit en fourrages (prairies artificielles, prairies naturelles ou prairies mixtes — l'établissement des unes ou des autres est toujours possible) la moitié cultivée par le système intensif, pour porter graduellement toutes les ressources dont on dispose déjà sur l'autre moitié, celle-ci, à son tour, rapportera à elle seule, en vertu des principes établis, un revenu égal et même supérieur à celui de la surface entière par l'ancien système, et on aura de plus, maintenant, le produit de la première moitié, transformée en fourrages, et dont la valeur ne sera certainement pas inférieure à celle du produit de la seconde. On remarquera facilement que le revenu de la propriété aura ainsi déjà plus que doublé, et que cet accroissement de revenu viendra en augmentation du capital d'exploitation.

Tel est le résultat donné infailliblement par notre système.

Par ce moyen, on le voit, l'agriculture parviendra à se créer elle-même et sans avoir recours aux emprunts, toujours fort onéreux, le capital qui lui est nécessaire pour progresser rapidement. C'est là un fait manifeste, et personne, croyons-nous, ne saurait le contester.

Nous ne dirons pas maintenant que pour atteindre ce but, il faille demander un surcroît de labeur à ceux qui se consacrent déjà à une tâche aussi rude, aussi pénible : nous apprécions à leur véritable valeur leurs fatigues et leurs efforts; mais en tenant compte des sollicitudes de ceux-là, on serait en droit de réclamer de la part de la grande majorité des cultivateurs et de la jeunesse surtout, un redoublement de zèle et de soins dans la pratique de leurs opérations agricoles et, particulièrement, dans le traitement du fumier, cette pierre philosophale de l'agriculture.

Et pourquoi, après tout, ne s'imposerait-on pas quelques sacrifices dans certaines habitudes acquises sans nécessité, alors que ces sacrifices momentanés seraient de nature à assurer de si grands, de si précieux avantages pour l'avenir?

L'auteur de cet opuscule vit au milieu d'une population agricole, au sein même d'une famille de cultivateurs, et quoique les personnes qu'il fréquente, sentant déjà un peu le prix des principes que nous proclamons, commencent à mieux faire que par le passé, elles sont loin encore de faire tout le bien possible, à cause de leur aveuglement pour des usages traditionnels, condamnés cependant depuis longtemps par l'expérience.

C'est donc par ses rapports constants avec l'ouvrier des champs, dont il a partagé pendant longtemps les labeurs, qu'il a appris tout ce que peuvent encore de nos jours la routine, la défiance, les préjugés populaires, et qu'il a acquis la certitude que l'indifférence et l'apathie sont les principales causes de la langueur et de la décadence d'un trop grand nombre d'exploitations rurales de tous les degrés.

De la nécessité de donner de l'extension à l'élève du bétail. — On a dit plus haut que la multiplication du bétail, loin d'être désavantageuse aux intérêts généraux, serait au contraire très-nécessaire. Dans les circonstances actuelles, la production est déjà loin d'être en rapport avec la consommation, qui tend tous les jours à s'accroître et qu'il serait désirable d'ailleurs de voir augmenter, du moins dans les campagnes, dont les habitants ne se nourrissent presque que de végétaux, tandis que ceux des villes ne connaissent pour ainsi dire que la viande.

La viande, a-t-on dit avec quelque raison, est la vie à bon marché; mais on suppose, sans doute, que les prix en sont modérés, plus modérés qu'ils ne le sont réellement chez nous en ce moment.

Or, la cherté d'un produit dépend presque toujours de son insuffisance par rapport aux besoins de la consommation; de là, nécessité de produire davantage.

Si l'on considère, ensuite, l'énorme quantité d'animaux de toute espèce achetés chaque semaine par la boucherie parisienne seulement, on sera frappé de l'élévation des chiffres afférents à toutes

les espèces[1] : on verra alors plus clairement encore, combien il importe, combien il est urgent
même de donner aussi de l'extension à l'élève du
bétail et particulièrement de celui qui entre dans
l'alimentation publique. L'usage que la capitale fait
de la viande n'est pas rapporté ici comme un mal ;

[1] Il s'est consommé en 1863, à Paris, 143,810 bœufs, 45,869 vaches, 197,240 veaux et 1,084,390 moutons, soit, un produit total
de 95,575,279 kilogrammes de viande, dont une partie très-
minime (1,587,539 kilogr.) a été exportée hors de Paris, ce qui
donne encore pour la consommation parisienne 93,947,740 kilogrammes, indépendamment de 15,359,270 kilogrammes de viandes
abattues, provenant de l'extérieur et introduites dépecées dans la
capitale, dont la consommation réelle en viandes de boucherie se
trouve ainsi de 109,547,010 kilogrammes.

La population parisienne étant en chiffres ronds de 1,700,000
habitants et celle de la France de 37,000,000, il faudrait pour que
la population entière de l'Empire pût se nourrir en viande, comme
celle de la capitale, 3,129,982 bœufs, 998,325 vaches, 4,292,870
veaux et 23,601,429 moutons, représentant ensemble, approximativement, 1,839,222,160 kilogrammes de viande, ayant, d'après
les prix actuels de la capitale, une valeur de 2,869,779,320 francs
(près de trois milliards !).

Or, d'après la statistique générale de 1857 (celle de 1862, n'é-
tant pas encore terminée) la production annuelle de la France n'est
que de 2,500,000 veaux et d'environ 6,000,000 agneaux. Ces
deux nombres retranchés respectivement de ceux qui représentent
la quantité d'animaux abattus seulement dans Paris, soit 8,421,177
têtes pour l'espèce bovine et 23,601,429, pour l'espèce ovine,
donnent un déficit de 5,921,177 têtes pour la première de ces
deux espèces, et de 17,601,429 pour la seconde ; et si à ce chiffre
on ajoutait, comme il conviendrait de le faire, celui de la mor-
talité, ce déficit se trouverait encore considérablement augmenté.
— Le but constant de l'agriculture doit être de combler cette
immense lacune, ce qui sera pour l'éleveur la source des plus
grands bénéfices, et, pour le pays, un des principaux éléments
de bien-être et de prospérité.

on voudrait, au contraire, que ce fait, qui est propre
d'ailleurs à tous les grands centres de population,
fût plus général, plus universel, ce qui serait dans
l'intérêt de tous, et, en particulier, de ceux qui ne
partageaient pas d'abord notre opinion. Ce résultat ne pourra être atteint que par la multiplication
du bétail, et la multiplication du bétail n'est possible que par l'extension de la production fourragère.

Ainsi, par notre système d'exploitation on peut
augmenter le produit des céréales, tout en diminuant l'étendue de leur culture, et obtenir, en
même temps des terres affectées aux diverses
espèces de fourrages, un revenu équivalent, souvent même supérieur, à celui des autres cultures.
Ce revenu ne profiterait pas seulement aux propriétaires; il tournerait aussi à l'avantage de toutes
les classes, c'est-à-dire de la société tout entière.

Par ce moyen, le seul propre à supprimer graduellement et efficacement les jachères, on obtiendrait un rapport constant des 6 millions d'hectares qui restent improductifs et susceptibles de
donner un revenu de près d'un milliard de francs.
Ces 6 millions d'hectares convertis en prairies,
ajoutés aux 5 millions d'hectares de prairies naturelles et aux 2 millions d'hectares de prairies
artificielles actuellement existantes, donneraient
un total de 15 millions d'hectares pour les prai-

ries de toute nature. L'étendue de ces prairies, qui n'est en ce moment que le quart, à peu près, de la contenance totale des terres labourables, serait alors la moitié, et s'il y avait lieu à modification, pendant longtemps encore cette proportion devrait plutôt augmenter que diminuer en faveur des productions fourragères.

ÉPILOGUE

LE LABOUREUR ET SES ENFANTS

Travaillez, prenez de la peine,
C'est le fonds qui manque le moins.

Un riche laboureur, sentant sa mort prochaine
Fit venir ses enfants, leur parla sans témoins :
« Gardez-vous, leur dit-il, de vendre l'héritage
Que nous ont laissé nos parents :
Un trésor est caché dedans ;
Je ne sais pas l'endroit, mais un peu de courage
Vous le fera trouver ; vous en viendrez à bout.
Remuez votre champ dès qu'on aura fait l'août :
Creusez, fouillez, bêchez, ne laissez nulle place
Où la main ne passe et repasse. »
Le père mort, les fils vous retournent le champ,
Deçà, de là, partout ; si bien qu'au bout de l'an
Il en rapporta davantage.
D'argent, point de caché. Mais le père fut sage
De leur montrer, avant sa mort,
Que le travail est un trésor.

LA FONTAINE.

CHOIX DE NOTIONS PRATIQUES

ET DE

FAITS AUTHENTIQUEMENT CONSTATÉS

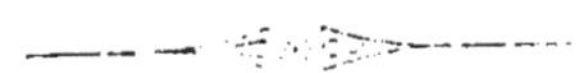

CONSIDÉRATIONS GÉNÉRALES

Tout le monde sait ou devrait savoir qu'une bonne agriculture est le premier élément de la prospérité d'un pays : la sécurité des peuples, la force des gouvernements et la fortune publique, conséquence de la richesse individuelle, ont pour commune source l'abondance des produits du sol et des industries qui s'y rattachent.

Si on désire avoir la preuve que ce qui précède n'est pas une hypothèse, on n'a qu'à jeter les yeux autour de la France, en poussant ses regards si loin que l'on voudra, et l'on sera convaincu, jusqu'à l'évidence, de cette grande vérité. Partout où l'art agricole est négligé, même dans les contrées les plus fertiles et les plus favorisées par la nature, tout souffre, tout languit, tout se traîne péniblement ; tandis que dans les pays où cet art est le plus perfectionné, on ne voit régner habituellement que l'aisance et le bonheur, qui sont les principales garanties de l'ordre et de la tranquillité générale d'une nation.

Chacun devrait être bien pénétré de l'importance de ces courtes considérations.

Travailler donc au perfectionnement de l'agriculture, c'est concourir à la consolidation de la paix et à la prospérité publique, par l'accroissement des revenus du sol, dont le cultivateur retire, à juste titre, le premier profit ; c'est satisfaire les intérêts particuliers, en même temps que ceux de la société ; c'est servir, tout ensemble, les intérêts individuels et les intérêts généraux.

Des progrès ont été accomplis, particulièrement dans les grandes exploitations, mais la petite et même la moyenne culture, moins éclairées, et surtout plus obstinément attachées aux anciennes pratiques, pour la plupart ruineuses, n'ont pas suivi la même impulsion. Dans celles-là, il reste encore de grands, de nombreux progrès à réaliser, et c'est dans le but d'en hâter l'accomplissement que l'on vient appeler l'attention du public, et de la classe agricole en particulier, sur les faits et les exemples qui vont suivre, ainsi que sur les observations et les conseils qui les accompagnent, dans l'espoir que l'on trouvera dans ce recueil les moyens de réussite les plus efficaces, les plus certains.

Tout le monde, le petit cultivateur comme le grand propriétaire, le possesseur d'un champ comme celui des plus vastes domaines, peut faire l'application des principes indiqués, et l'application de ces principes aura toujours pour résultat infaillible d'accroître dans des proportions immenses le revenu et la valeur des terres, et d'augmenter ainsi considérablement la fortune publique, par l'augmentation de celle de tous les propriétaires du sol.

Telle est la conviction la plus profonde de l'auteur de ce petit travail. Puisse, cette conviction, être aussi celle des personnes qui voudront bien se donner la peine de le lire et d'en faire l'examen.

Montbel, le 1er octobre 1864.

P. VIDAL.

QUESTION DES SUBSISTANCES

DONNÉES STATISTIQUES

1. La population de la France est, en chiffres ronds, de 37 millions d'habitants.

2. La consommation de froment par individu est estimée, en moyenne, à 2 hectolitres par an.

3. Comme l'on consomme aussi en France, du seigle, du méteil, de l'orge et du maïs ou millet, l'emploi de ces céréales, ajouté à celui du froment porte la consommation annuelle moyenne, en céréales, à 3 hectolitres, environ, par individu, soit 111 millions pour la consommation de la population entière de l'Empire.

4. D'après la dernière statistique générale, près de 7,000,000 d'hectares sont cultivés en froment et produisent en moyenne . .   95,000,000 hect.

2,200,000 hectares sont cultivés en seigle et donnent, en moyenne   25,000,000   »

600,000 hectares sont cultivés en méteil et donnent, en moyenne, un produit annuel de   8,000,000   »

A reporter 128,000,000   »

Report. . . . . 128,000,000 hect.

1,000,000 d'hectares sont
cultivés en orge et produisent,
en moyenne   17,000,000   »

Enfin, 600,000 hectares
sont cultivés en maïs ou millet et donnent un produit
moyen de   8,000,000   »

Soit un produit total de   153,000,000 hect.

5. La production annuelle étant de 153,000,000
d'hectolitres, et la consommation de 111,000,000
d'hectolitres, l'excédant de la production des céréales qui font la base de la nourriture des populations,
est, en moyenne de 42,000,000 d'hectolitres, absorbés, à peu près, par les semences, les animaux
et la distillerie.

6. Quand la France produit plus qu'elle ne consomme, elle exporte son superflu à l'étranger;
quand, par suite de sinistres ou des intempéries des
saisons, elle produit moins, elle tire de l'étranger
ce qui lui manque pour pourvoir à ses besoins.

7. Le rendement d'un hectare cultivé en froment
est en moyenne :

Pour la France, de. . . . . . .   13 hectolitres 1/2
Pour la Belgique, de.   17   —
Pour l'Angleterre, de. 23   —

Les terres rendent plus en Belgique et en Angleterre, parce qu'elles sont mieux cultivées qu'en France, et cela tient en grande partie à ce que les cultivateurs de ces pays, pouvant consacrer à l'agriculture des capitaux plus considérables, ont à la fois des instruments de culture plus parfaits, des engrais plus abondants et des champs mieux assainis. Ce ne sont donc point les champs qui manquent aux cultivateurs français, mais c'est une bonne culture qui manque à leurs champs, et le progrès consisterait moins à accroître l'étendue des champs cultivables qu'à tirer un meilleur parti, par une meilleure culture, des champs déjà cultivés.

8. Un hectolitre de froment pèse en moyenne 77 kilogrammes. Le prix moyen calculé pour l'ensemble de la France et sur plusieurs années est de 19 francs environ.

9. Le chiffre 13 1/2 exprime la moyenne du rendement calculé pour l'ensemble de la production réunie de tous les terrains cultivés pendant une période de dix ans. Mais ce rendement varie beaucoup d'un terrain à un autre terrain, par suite des différences de sol et de culture, et, d'une année à l'autre, par suite de la différence des saisons.

Ainsi, tandis que ce rendement n'est que de 9, 8, et même 7 hectolitres dans beaucoup de cantons de la zone méridionale, il est de 30, 35, et même de 40 dans les plus riches terres du département du Nord. Avis aux cultivateurs des contrées arriérées! C'est à eux, surtout, qu'il appartient de réaliser le plus grand, le plus utile, le plus important progrès de l'époque actuelle.

10. Si, à l'aide des perfectionnements dont l'agriculture française est susceptible, on portait à 20 hectolitres le rendement moyen de l'hectare, ce serait un accroissement de 45 millions d'hectolitres d'une valeur de 900 millions de francs, venant, tous les ans, en augmentation de la fortune publique. Le rendement et la valeur du produit des autres céréales augmenterait dans la même proportion, et le revenu annuel de cette culture serait un milliard de fois plus fort que le revenu actuel.

11. En ce moment (1864) il existe en France environ 6,600,000 hectares de pâturages, landes ou bruyères, dont le produit est évalué à 42 millions de francs, soit, 6 fr. 56 par hectare. Si, en attendant la possibilité de leur substituer une superficie équivalente de bonnes prairies artificielles, ou, à défaut, de prairies naturelles, on transformait en pâturages ou herbages les 6 millions de jachères actuellement existantes, on n'obtiendrait immédiatement du sol productif une augmentation de revenu de 36 millions de francs.

12. En résumé, l'étendue actuelle des différentes espèces de céréales (*froment, seigle, méteil, orge, avoine, maïs ou millet et sarrasin*) est de 15,365,548 hectares, et la valeur totale de leur produit de 5,209,842,720 francs; et comme par un système d'exploitation mieux entendu la valeur de

ce produit serait susceptible de doubler, l'augmentation de valeur ainsi obtenue, dans cette hypothèse, jointe à celle du produit résultant de la suppression de la jachère, donnerait, en sus du revenu actuel, un revenu total de 3,245,842,720 francs, à répartir entre les divers propriétaires du sol, à raison de 210 francs par hectare.

D'après ces données, chacun peut voir d'avance la part qui lui reviendrait.

DES SEMIS

SEMIS A LA VOLÉE. — SEMIS EN LIGNES. — SEMOIRS MÉCANIQUES. ÉCONOMIE DE SEMENCE. — ACCROISSEMENT DE RÉCOLTE.

I

Tout le monde connaît le mode d'ensemencement à la volée. On sait aussi que ce mode, quelle que soit, du reste, l'habileté du semeur, est sujet à de grands inconvénients. Ces inconvénients tiennent à la difficulté, d'un côté, de répartir également la semence sur la surface du sol, de l'autre, de l'enfouir également partout à une profondeur convenable.

Dans le premier cas, il arrive qu'il y a des places

où le grain est trop espacé, ce qui favorise l'envahissement des mauvaises herbes et nuit à la quantité comme à la qualité de la récolte; ou bien, et c'est ce qui arrive le plus souvent, le grain est semé trop serré. Alors les racines ou les tiges se gênent réciproquement; elles se disputent des aliments devenus insuffisants; les plus faibles s'étiolent après avoir absorbé sans profit, pour le produit, une nourriture qui eût profité utilement aux autres, d'où il suit qu'il faut semer clair et uniformément.

L'inégalité de l'enfouissement du grain n'est pas moins nuisibles aux intérêts agricoles et à ceux du cultivateur en particulier. Tantôt une partie des grains est trop recouverte, ce qui fait qu'elle ne peut pas naître, tantôt elle ne l'est pas assez ou reste à nu à la superficie, et elle y devient la proie des insectes, des oiseaux, ou périt par les intempéries.

II

Pour obvier à ces inconvénients si graves, si fréquents, on a imaginé des machines, plus ou moins ingénieuses, plus ou moins perfectionnées, qu'on a appelées semoirs mécaniques ou semoirs artificiels. Elles ont pour objet de creuser dans le sol labouré des raies où les grains sont déposés par le semoir lui-même à une égale distance, à une égale profondeur et recouverts immédiatement par une seconde opération simultanée de la même machine, de la couche qui doit la protéger.

Comme on le voit, l'emploi des semoirs remplit parfaitement toutes les conditions d'un bon ensemencement.

Malheureusement, ces machines sont encore de nos jours d'un prix élevé; leur emploi exige des préparatifs et une dépense de force qui ne permet guère à la petite propriété, à la petite culture, de pouvoir s'en servir. Il a donc fallu recourir pour elle à un autre moyen.

Ce moyen parfaitement simple, facilement praticable, se trouve à la portée du plus petit cultivateur, auquel il convient mieux qu'à tout autre. Voici en quoi il consiste et comment il se pratique :

On a une corde attachée à ses extrémités à deux piquets mobiles et marquée dans toute sa longueur de 15 en 15 ou de 20 en 20 centimètres, suivant la nature du sol, de cercles tracés à la couleur rouge ou noire, et avec cette corde, un plantoir en bois de 6 ou 7 centimètres de la pointe d'une broche transversale, dont les deux côtés, ayant environ 6 ou 8 centimètres de saillie, empêchent le plantoir de faire un trou plus profond que 6 ou 7 centimètres.

III

Avec ce simple appareil, le cultivateur se rend au champ accompagné de sa femme ou d'un enfant; il commence par fixer un des piquets de la corde à une distance de 17 à 23 centimètres en dedans de la limite de sa propriété; puis il enfonce ou fait enfoncer l'autre piquet à l'extrémité opposée, et toujours à la même distance de la limite. Cela fait, il suit la corde armé de son plantoir et pratique un trou à chaque marque circulaire, c'est-à-dire à chaque espace de 15 ou 20 centimètres. La femme ou l'enfant qui le suit, muni d'un sachet rempli de blé, dépose dans chaque trou une pincée de trois ou quatre grains et rabat la terre par-dessus d'un coup de pied.

Arrivé au bout de la corde et du champ, le laboureur arrache le piquet et le replante à la distance de 17 à 23 centimètres du premier trou; puis, suivi toujours de l'enfant, il revient à l'autre extrémité, en vérifiant sur son chemin si la terre est bien rabattue sur tous les trous. Il fixe alors le second piquet à une distance de 17 à 23 centimètres du premier trou et recommence la même opération, et ainsi de suite jusqu'à la fin. La semence se trouve ainsi très-régulièrement espacée, et chaque tige a sa racine à une profondeur égale de 6 à 7 centimètres.

Il y a une foule de moyens dans la pratique pour adapter la besogne aux conditions du sol et en abréger la durée. Chacun agit en cela suivant les circonstances dans lesquelles il se trouve.

IV

Voyons maintenant quels ont été les résultats obtenus par les agriculteurs qui ont déjà mis ces moyens en pratique, et, partant, quels sont les avantages qu'en retireront ceux qui suivront leur exemple.

Tous les agriculteurs qui pratiquent les semis en lignes ou qui emploient les semoirs mécaniques sont d'accord pour déclarer que l'on obtient par ces procédés une économie de plus de moitié sur la semence (un agronome distingué le porte aux deux tiers et même au delà), et une augmentation considérable de récolte. Cette augmentation s'est élevée, d'après ce même agronome, à 12 hectolitres par hectare, dans le département du Nord, et les témoignages des agriculteurs qui l'estiment le plus bas, s'accordent à établir qu'elle ne descend jamais au-dessous de 2 hectolitres. En adoptant une moyenne de 3 hectolitres au prix de 20 francs l'hectolitre, soit 60 francs, et en évaluant à 40 fr.

les deux tiers de la semence économisée sur la semence généralement employée par les semis à la volée, on obtient un bénéfice de 100 francs par hectare. Il est juste de reconnaître que le semis ainsi pratiqué exige plus de frais de main-d'œuvre que le mode de semis habituellement employé, mais en déduisant cet excédant, évalué par les meilleurs praticiens à 10 francs, il reste encore 90 francs pour le bénéfice net ainsi réalisé.

Tel est l'avantage recueilli par le cultivateur : on va voir maintenant celui qu'en retirerait le pays.

V

On cultive en France près de 7 millions d'hectares de froment. La substitution des semis en lignes ou avec le semoir mécanique, au semis à la volée, ferait donc réaliser sur la semence une économie de plus de 7 millions d'hectolitres, et sur la récolte un accroissement de 20 millions, en tout environ 25 millions d'hectolitres, c'est-à-dire un quart, à peu près, en blé, de la consommation annuelle de la France.

L'usage des semis en ligne et l'emploi des semoirs mécaniques ne seraient peut-être pas partout praticables. Mais en admettant qu'ils ne puissent s'appliquer qu'à la moitié des terres cultivées, ce serait toujours une augmentation de plus de 10 millions d'hectolitres ajoutés à la production annuelle de l'Empire, sans aucune augmentation de charges et de frais, et représentant, en argent, au taux moyen de 20 francs l'hectolitre, une somme de 200 millions de francs, pour le froment seulement. Or, les agronomes qui se sont le plus occupés de cette question, assurent qu'on obtiendrait des avantages analogues pour les autres céréales, telles que seigles, méteil, orge, avoine, épeautre, occupant ensemble une étendue aussi de près de 7 millions d'hectares, et dont la valeur totale du produit est de 1,100 millions de francs. D'après les bases ci-dessus l'économie réalisée sur la semence serait approximativement de 7 millions, celle de l'augmentation de la récolte de 20 millions d'hectolitres, ensemble 25 millions environ, et la valeur totale de 245 millions de francs; et en ne prenant, comme pour le blé, que la moitié ou les 2/5 de ces résultats, on aurait encore 10 millions d'hectolitres, représentant une valeur de 98 ou 100 millions.

VI

L'exactitude des déductions qui précèdent se trouve corroborée par les observations et les faits suivants :

En Angleterre, l'emploi des semoirs mécaniques

est général. Il est très-commun en Belgique, d'où
il commence à se répandre avec la pratique des semis en lignes dans ceux de nos départements qui
avoisinent ce pays.

Or, le rendement moyen de l'hectare est beaucoup
plus élevé dans ces départements que dans ceux du
reste de la France, et voici la différence entre la
France, la Belgique et l'Angleterre.

En France, le rendement moyen du sol cultivé
en froment est de 13 hectolitres 1/2 par hectare.

En Belgique, il est de 17 par hectare.

En Angleterre, de 23 id.

Ces chiffres renferment pour la France le plus
grand enseignement.

La substitution au semis à la volée des semoirs
mécaniques pour la grande culture, et des semis en
lignes pour la petite, c'est pour la France 10 millions d'hectolitres de blé ajoutés à la production annuelle, et par suite une augmentation de 200 millions ou plutôt de 298 ou 300 millions avec la
valeur de l'augmentation des autres céréales, ré-
partie chaque année entre les cultivateurs, et venant accroître la fortune publique.

Ainsi, la généralisation des semis en lignes con-
courant avec les autres améliorations agricoles,
dont l'expérience a déjà sanctionné l'utilité, c'est le
pain à bon marché que veut le consommateur,
c'est le cultivateur suffisamment rémunéré, c'est
l'aisance remplaçant la misère dans les campagnes,

c'est l'approvisionnement de la France assuré, la crainte de la disette écartée pour toujours.

Tous ceux qui ont à cœur les progrès agricoles et les intérêts de leur pays peuvent puissamment contribuer à ce grand résultat, en propageant parmi les jeunes cultivateurs et leurs parents les faits qui viennent d'être exposés. Mais pour cela, ils ne doi_ vent pas se contenter d'en parler; il faut qu'à l'exemple de Franklin, ils en écrivent la démonstration dans les champs mêmes, en caractères qui frappent tous les regards.

Quand Franklin voulut introduire parmi ses concitoyens l'emploi du plâtre, comme amendement, il le répandit sur un champ de trèfle, en le semant de manière à tracer sur le terrain des caractères qui disaient : « Ceci a été plâtré. » Les plantes qui se trouvaient dans l'espace tracé par les lettres poussèrent plus fortes et plus vigoureuses que celles qui les environnaient, et la phrase apparut aux yeux émerveillés des Américains, qui n'oublièrent plus la leçon et la mirent immédiatement en pratique.

MOYEN D'ÉCONOMISER LA SEMENCE TOUT EN AUGMENTANT LE PRODUIT DE LA RÉCOLTE

AVANTAGES DES SEMIS EN LIGNES CONFIRMÉS PAR L'EXPÉRIENCE

Un négociant d'Orléans rapporta de l'Exposition de Londres une poignée de blé d'Australie. Cette graine fut semée à Saint-Mesmin, en lignes distantes de 16 centimètres, et l'on eut soin de placer les grains à 5 ou 6 centimètres les uns des autres. Le produit fut de 15 litres, que l'on sema encore en lignes, à grains écartés et enterrés à la charrue sur une surface de 14 ares. Ces 15 litres en rendirent 360, soit 24 pour 1. Sur cette quantité, 2 hectolitres seulement furent employés en semence et servirent à emblaver 2 hectares, et la récolte de cette année s'éleva à 2,400 gerbes qui donnèrent 80 hectolitres d'un très-beau grain, dont la plus grande partie put être employée pour la semence.

Il suit de là qu'en portant à un quart de litre, et c'est lui faire une belle part, l'échantillon type de cette production, on trouve que chacun des grains de blé qui le composaient s'est reproduit, en trois ans, 32,000 fois. Ce résultat, on le voit, dépasse de beaucoup les proportions ordinaires. Généralement en France, on emblave de 2 à 3 hectolitres par hectare, et l'on obtient, en moyenne, de 15 à 20 hectolitres, ce qui donne un produit de 5 à 10 fois la semence. On sait encore que, dans les meilleures terres à blé, il est bien rare que l'ensemencement, à raison de 2 hectolitres, en produise plus de 30, soit 15 fois la semence. Au moyen de la sémination à grains écartés, chaque hectare emblavé, à raison d'un seul hectolitre, en produit 40 autres, c'est-à-dire le double du rendement ordinaire.

On fait observer que ce n'est pas seulement avec le blé d'Australie qu'on a obtenu à Saint-Mesmin une telle production : le blé du Mesnil, le froment rond de Hongrie et quelques autres espèces ont donné en même temps un rendement à peu près égal. Ce succès a donc été dû au mode de sémination qui a été pratiqué de la manière suivante :

Au lieu de jeter le blé à la volée, on l'a répandu à la main, en suivant la charrue, dans le sillon que celle-ci venait d'ouvrir. Par ce moyen le grain recouvert immédiatement par le retour de la charrue, échappe à la voracité des oiseaux et à toutes les chances de destruction qui se présentent sous tant de formes dans le procédé ordinaire. Tout le secret pour réussir est dans le dosage. Avec une poignée bien pleine, le semeur doit couvrir dans le sillon qu'il suit une longueur de 20 pas, et pour peu qu'il mette de la régularité, il se trouve avoir employé, quand il aura ablavé une surface de 50 ares, une quantité de 50 litres de grain, soit 1 hectolitre par hectare. Les autres opérations de la culture sont celles en usage partout.

Ainsi, avec une demi-semence, on obtient de ce mode de sémination, pratiqué même d'une manière imparfaite, quoiqu'il se rapproche de celui indiqué dans le chapitre précédent, une récolte double à celle que l'on obtient par les procédés ordinaires.

Ce fait suffirait, néanmoins, pour mettre en évidence les avantages des semis en lignes ou par touffes sur les semis à la volée.

RÉSULTAT D'UN ESSAI D'ENSEMENCEMENT EN LIGNES, FAIT PAR UN INSTITUTEUR

BLÉ

Au mois d'octobre 1855, un instituteur du département de la Haute-Garonne ensemença par lignes et au moyen du plantoir, d'après la méthode indiquée ci-dessus, un terrain communal bordant le fleuve qui arrose ce département. Ce terrain, de nature sablonneuse, avait une contenance de 10 ares.

Le champ fut divisé en lignes espacées de 18 centimètres, et sur chacune des lignes des trous faits au plantoir, à des distances de 15 centimètres, reçurent chacun de 3 à 4 grains qui furent recouverts. L'ensemble du semis absorba 6 litres de blé pesant 750 grammes par litre. C'était du blé d'Égypte, dit d'Alexandrie, répandu depuis peu d'années dans le pays et désigné vulgairement par les cultivateurs de la contrée sous nom de grossagne blanche.

La petite quantité de blé semée sur ces 10 ares leva parfaitement ; mais dans les intervalles des lignes et des touffes leva aussi une quantité de pavots sauvages, dont on se débarrassa par un sarclage fait au commencement de mars. Après cette opération, les tiges des touffes se multiplièrent avec tant de vigueur que, dans les premiers jours d'avril, le champ formait une nappe de verdure admirée de tous les cultivateurs. Il eut malheureusement à souffrir de quatre ou cinq inondations qui nuisirent à la récolte, par les épaves qu'elles y laissèrent ; il fut notamment couvert presque en totalité par les eaux au moment de la floraison.

Cependant malgré ces circonstances défavorables et malgré la stérilité dont les terres du Midi ont été frappées en 1856, le rendement de ces 10 ares a été de 4 hectolitres, ce qui en donnerait un de 40 hectolitres par hectare. Ce rendement, au dire de toutes les personnes qui ont visité ce champ, aurait été beaucoup plus considérable encore sans le tort causé par les inondations. En outre, tandis que le poids du blé récolté habituellement dans le pays n'est que de 75 kilogrammes par hectolitre, le blé récolté dans le champ ensemencé par cet instituteur, pesait 79 kilogrammes 5.

Ce fait, attesté d'une manière authentique ne saurait être plus concluant.

-----◇-◇-◇-----

ESSAI COMPARATIF D'ENSEMENCEMENT FAIT PAR UN INSTITUTEUR

ORGE ET AVOINE

· Le 31 mars 1855, l'instituteur d'une commune de Seine-et-Marne a fait ensemencer sous sa direction, par ses élèves les plus âgés, et dans un champ qu'il a loué, un are d'orge dans un sol ordinaire et réunissant partout les mêmes qualités. La moitié de l'are a été semée à la volée et a exigé un litre de semence ; dans l'autre moitié, l'orge a été semée au plantoir, dans des trous de 6 centimètres de profondeur, espacés de 20 centimètres en tous sens ; il n'a fallu qu'un demi-litre pour cette portion.

On a opéré de la même manière pour un are d'avoine.

L'orge a reçu un binage, et l'avoine n'a pu être binée à cause de la sécheresse.

L'orge et l'avoine plantées ont paru toujours plus vertes que l'orge et l'avoine semées à la volée ; aussi n'ont-elles mûri que huit jours plus tard. Les épis de l'orge et de l'avoine plantées étaient longs et les grains serrés ; les plus beaux avaient 52 grains ; la moyenne était de 29 à 30 ; tandis que les plus beaux épis de l'orge semée à la volée n'avaient que 22 grains et la moyenne était de 18 à 19. Au moment de la moisson, l'orge et l'avoine plantées ont été récoltées et battues séparément, ainsi que l'orge et l'avoine semées à la volée, et voici quel a été le résultat.

Les 50 centiares d'orge semée ont produit 16 litres, soit 32 litres à l'are ou 32 hectolitres à l'hectare.

Les 50 centiares d'orge plantée ont produit 24 litres, soit 48 litres à l'are ou 48 hectolitres à l'hectare.

Les 50 centiares d'avoine plantée ont produit 13 litres, soit 26 litres à l'are ou 26 hectolitres à l'hectare.

Enfin, la même quantité de terrain semée en avoine, à la volée, n'a produit que 10 litres, soit 20 litres à l'are ou 20 hectolitres à l'hectare.

D'après ce résultat, en tenant compte, d'un côté, de l'augmentation de main-d'œuvre, pour semis en lignes et pour binage, et, de l'autre, de l'économie d'un hectolitre de semence par hectare, on voit que l'augmentation de revenu pour un terrain ainsi semé en orge et en avoine serait, en moyenne, d'environ 100 francs par hectare.

Il faut sans doute faire la part de l'excédant du produit que peuvent donner des essais faits en petit ; mais quelle que soit la diminution de produit que l'on puisse admettre pour la culture en grand il n'en reste pas moins une augmentation considérable.

Les résultats de cet essai, régulièrement constatés par les autorités de la commune et par les membres du Comice agricole, prouvent une fois de plus, d'une manière irréfragable, les avantages des semis en lignes. Les faits de ce genre parlent aux yeux et sont plus puissants que tous les conseils pour convaincre les plus incrédules, pour secouer l'apathie et triompher de l'indifférence.

IMPORTANCE D'UN CHOIX JUDICIEUX DANS LES VARIÉTÉS DES BLÉS DE SEMENCE

ET DE TOUTES LES CULTURES EN GÉNÉRAL

En général, on ne se forme point une idée exacte de l'influence que le choix de la semence peut exercer sur le résultat des cultures. On sait d'une manière vague que pour les semailles de froment, par exemple, il faut choisir le plus beau grain, le mieux nettoyé, le plus exempt de graines étrangères ; mais on ne songe pas à appliquer cette nation en étudiant les espèces et les variétés qui sont cultivées dans la contrée que l'on habite, pour adopter les meilleures et rejeter les autres.

Par un choix plus judicieux dans les variétés des blés de semence. on peut parfaitement arriver à augmenter de 25... 50 et même 100 p. 0/0 la production du froment, sans extension de culture. Nous en avons la preuve dans les expériences faites par un simple paysan du département de Lot-et-Garonne, et quoique ces expériences soient bien simples en elles-mêmes, elles ont cependant une grande valeur, comme on va pouvoir en juger.

Au commencement du mois de novembre 1855, il sema le même jour, dans un terrain argilo-siliceux, également fumé et également travaillé, dix variétés de blés cultivées dans son département.

Il divisa son terrain en dix compartiments égaux de 35 centiares chacun, dans lesquels il ensemença ces dix variétés séparément, 50 grains pour chaque compartiment.

Voici ce qu'il a constaté : pendant que tel compartiment donnait un rendement de grains pesant 425 grammes, tel autre en fournissait un dont le poids allait jusqu'à 915 grammes, c'est-à-dire qu'il trouvait une différence de plus de la moité dans le produit. Le résultat était presque égal dans le poids de la paille obtenue. Ces expériences ont été faites sous les yeux de plusieurs membres du Comice agricole de l'arrondissement de Villeneuve, qui les ont contrôlées.

Une fois arrêté sur la variété, on s'occupera de la qualité. Pour cela, on fera choix des plus beaux épis, les plus semblables entre eux, en les faisant trier dans les gerbes avant le battage, ou sur pied, dans les champs, avant la moisson. On coupera les deux bouts de chaque épi choisi, pour ne conserver que le grain du milieu, en ayant soin de rejeter encore chaque grain qui ne serait pas bien conformé. Il ne faut pas longtemps pour se procurer ainsi un litre de grains de choix, sans mélange et bien francs d'espèce.

A l'époque ordinaire des semailles, on sème ce blé en lignes, dans un carré de jardin bien fumé et bien travaillé à la bêche. Le froment ainsi cultivé, biné et sarclé au besoin, donne des épis aussi beaux que leur variété le comporte; on crible soigneusement le grain de ces épis et on l'emploie pour ensemencer 40 ou 50 ares de terre à blé, non plus dans un jardin, mais dans les conditions ordinaires d'une bonne culture. On récolte ainsi plusieurs hectolitres de blé, de seconde génération, bien supérieur pour les semailles à tout autre de même variété, qui n'aurait pas été obtenu par la même méthode. Chacun peut proportionner l'étendue de ces semis, selon cette méthode, à l'importance de sa culture.

On se plaint de ce que les céréales ne produisent pas ; on les accuse de dégénérescence, et on ne fait rien pour les rendre meilleures. Il n'est pas possible cependant d'avoir de bons produits, en semant, comme on le fait, plus de mauvais grains que de bons.

Voulez-vous avoir de belles récoltes de froment et de tout autre culture? Soignez-les d'abord dans les semences. Faites comme lorsque vous voulez avoir de beaux taureaux, de belles génisses, de beaux poulains; choisissez avec le plus grand soin les types reproducteurs.

Quelques expériences bien faites vous apprendront bientôt à reconnaître les espèces qui conviennent le mieux au terrain que vous cultivez; vous n'aurez qu'à ouvrir les yeux et à comparer; vous serez véritablement étonnés du produit de vos récoltes.

———— ◇ ◇ ————

BLÉ GÉANT

On doit généralement se tenir en garde contre les nouveautés agricoles qui n'ont pas encore fait leurs preuves, et qui, trop légèrement acceptées, peuvent devenir pour le cultivateur des causes de perte et de cruelles déceptions. Mais, quand une variété de céréales commence à se faire place dans nos champs et qu'elle s'y montre constamment supérieure à d'autres, qu'elle peut remplacer avec avantage, il est du devoir de tout ami du progrès de la faire connaître, en engageant les cultivateurs à vérifier ses propriétés avec toute la circonspection exigée en pareille circonstance.

Pendant ces dernières années, une variété de froment, dite blé géant, était en grande faveur, par suite des essais auxquels il avait été soumis. D'après les expériences de culture faites sur une petite échelle, ce blé a donné des résultats prodigieux, bien supérieurs à ceux de la culture des blés anglais Victoria et Blood-red (rouge de sang), l'un et l'autre vantés comme froment de premier ordre. Un expérimentateur qui, à la vérité, traitait le blé géant en culture jardinière, en a obtenu, de 40 grains semés, 1,000 épis de 60 grains chacun. Un autre, qui opérait un peu plus en grand, a récolté, en moyenne, 11 épis par grain confié à la terre ; la paille avait de 1 mètre 40 à 1 mètre 75 de haut. Un litre de grain semé en lignes avec une bonne fumure, mais dans les conditions d'une culture soignée, telle qu'on peut la donner dans toute exploitation bien tenue, a rendu 80 litres de grains sur une surface d'un are ; c'était sur le pied de 80 hectolitres par hectare.

Ce n'est pas dire qu'il faille renoncer aux blés que l'on connaît, qui conviennent au sol et au climat local du canton que l'on habite, pour adopter inconsidérément le blé géant, qui pourrait ne pas réussir ; mais en présence des faits déjà constatés, on peut néanmoins essayer en petit le blé géant dans tous les pays de grande culture des céréales. Si ce blé ne réussit pas partout, il est plus que probable que, dans bien des cantons, sa culture sera plus profitable que celle des blés actuellement cultivés, et qu'elle pourra, sans précipitation, leur être substituée avec avantage. Le blé géant, de même que les blés Victoria et Blood-red, qui paraissent être, l'un et l'autre de très-bonnes variétés, est dans le commerce, et l'on peut s'en procurer chez tous les marchands de grains de Paris ou des grandes villes des départements.

CULTURE DE L'AVOINE

Les renseignements suivants sont empruntés à un excellent travail de M. Bodin, directeur de l'École d'agriculture de Rennes.

On dit partout, dans les pays de grande culture des céréales : Ce sont les mauvais fermiers qui font le plus d'avoine. Il y a pour cela deux raisons parfaitement fondées, qui tiennent, non pas à la nature de l'avoine en elle-même, mais bien à la manière dont elle est habituellement cultivée.

Dans les terres soumises à l'assolement triennal, l'avoine succède le plus souvent au froment ou au seigle ; ce sont deux cultures épuisantes coup sur coup. L'avoine est la plus épuisante des deux ; elle donne encore des produits passables là où nulle autre céréale ne saurait croître, mais elle laisse le sol dans l'état le plus complet d'épuisement, et il lui faut, pour le remettre, plus de fumier qu'un pauvre assolement triennal ne saurait en mettre à la disposition du cultivateur.

D'autre part, les labours de printemps donnés comme préparation aux semailles d'avoines en mars, précèdent l'époque de la germination de la plupart des graines des plantes sauvages qui constituent la mauvaise herbe. Ces graines germent en même temps que l'avoine et produisent une végétation parasite dont rien ne contrarie la croissance. Ainsi une avoine succédant à une céréale d'hiver, froment ou seigle, laisse la terre plus épuisée et plus sale que toute autre culture; de là, réputation méritée de mauvais fermier, justement acquise, à ceux qui abusent de la culture de l'avoine.

M. Bodin démontre en même temps que l'avoine, succédant à une culture bien fumée de betteraves ou de colza, est sans inconvénient, soit pour épuiser le sol, soit pour le salir; les frais de culture sont presque nuls, surtout quand on sème, comme le fait M. Bodin, en lignes, à raison d'un hectolitre de grain par hectare. En suivant cette méthode, il a obtenu sur des terres de qualité moyenne, en 1862, 40, 52 et 59 hectolitres d'avoine par hectare, sans compter des pailles abondantes et d'une grande valeur. Il n'est nullement difficile de faire comme lui et d'obtenir les mêmes résultats; cette méthode est à la portée de tout le monde.

MÉLILOT DE SIBÉRIE OU TRÈFLE DE BOCKHARA

Parmi les plantes qui ont pris place dans nos champs, pendant ces dernières années, il en est une surtout qui mérite d'être signalée, à cause de son incontestable utilité. Le Mélilot de Sibérie, introduit en Europe, depuis assez longtemps, était injustement oublié, quand la culture, depuis quatre ou cinq ans, en a été reprise sur une grande échelle dans le département du Loiret. Il ne s'agit pas ici d'une culture nouvelle, d'un résultat plus ou moins hasardé ; c'est un cultivateur éclairé, M. Bailly, de Châteaurenard (Loiret), qui a obtenu en 1860, sur des terrains naturellement maigres et secs, peu propres à la production de toute autre plante fourragère, 50,000 kilogrammes de fourrage sec par hectare. Ses voisins ont obtenu de la culture du Mélilot de Sibérie le même résultat; de plus, ils ont constaté que la consommation habituelle de ce fourrage, soit en vert, soit en sec, pour les troupeaux de bêtes à laine, a fait disparaître complétement la cachexie aqueuse, maladie plus connue sous le nom de pourriture des moutons. On sème la graine de Mélilot de Sibérie au mois de mars, à la même époque que les avoines, à raison de 16 à 18 litres par hectare. Il vaut mieux semer un peu plus épais que trop clair, afin de favoriser la croissance de la plante en hauteur; elle atteint fréquemment 2 mètres d'élévation.

L'admission sur une grande échelle d'une nouvelle plante fourragère aussi avantageuse que le Mélilot de Sibérie datera de 1860; elle peut donner une grande impulsion dans le centre de la France à la production de la laine et de la viande, deux produits dont l'accroissement ne saurait être trop favorisé dans les circonstances actuelles; sa propagation concourra ainsi à la prospérité de l'agriculture.

DU TOPINAMBOUR COMME FOURRAGE

Le fourrage est la base de l'agriculture. Jacques Bujault a dit avec raison : « Si tu veux du blé fais des prés. » Or, on fait des prés avec toute espèce de plantes fourragères; il ne s'agit que de les utiliser comme il convient, de cultiver celles qui occasionnent le moins de dépenses et de travaux, qui rapportent le plus de nourriture pour le bétail; car le fourrage donné à l'étable produit du fumier en masse, et la terre bien fumée donne une riche récolte en blé.

Le topinambour offre ces avantages : il n'épuise pas la terre, se reproduit par lui-même pendant 25 à 30 ans, ne demande point ou demande peu d'engrais et donne pendant tout ce temps des récoltes consécutives sur le même sol, sans aucune culture; une fois planté, il se reproduit tous les ans quoique l'on croie avoir extirpé de la terre le dernier tubercule.

On peut cependant facilement s'en débarrasser, puisque la plante meurt indubitablement, si elle est fauchée en vert deux fois de suite en une année, avant de fleurir, ce qui peut avoir lieu en y semant du trèfle que l'on fauche en vert comme fourrage.

Cette plante, trop dédaignée en France, est originaire du Chili. Elle a été introduite en France longtemps avant la pomme de terre; mais, n'étant pas propre à l'alimentation de l'homme à cause de sa saveur, qui n'est pas agréable au goût, elle a été délaissée; cependant, comme fourrage, elle offre d'immenses avantages.

Les sols les moins fertiles lui conviennent assez pour donner une récolte de 125 à 130 hectolitres de tubercules; dans les bonnes terres, ce rendement est souvent double, et l'on peut y compter sur 30,000 à 35,000 kilogrammes par hectare. Les ramées char-

gées de feuilles peuvent être données au bétail et
aux moutons en particulier, et les tiges sèches
peuvent servir au chauffage et remplacer les bour-
rées.

Cette plante qui, comme fourrage, offre une
grande valeur nutritive pour les animaux, a l'avantage de ne point être jusqu'aujourd'hui sujette aux
maladies qui atteignent la pomme de terre; de ne
craindre ni le froid ni la sécheresse, ni les insectes;
de pouvoir être laissée dans le sol pour en être ex-
traite au fur et à mesure des besoins, et de n'exiger aucune culture pendant de longues années,
puisqu'elle se reproduit par elle-même sans exiger
presque aucun travail.

Le savant professeur belge, M. Morren, a donné,
dans son *Journal d'agriculture pratique*, une instruction détaillée sur la culture et les avantages de
cette plante; les cultivateurs hollandais et belges se
sont depuis lors empressés de tenter cette culture,
pour obvier à la pénurie des pommes de terre, trop
souvent attaquées par la maladie, depuis quelques
années.

M. Grollier, qui la cultive en grand dans le Mor-
bihan, dit que cette plante profite mieux aux animaux que 20,000 kilogrammes de luzerne, que,
depuis qu'il l'introduisit, il s'opéra dans ses étables
une métamorphose bien avantageuse, qu'il n'eut
plus de mauvais bétail, que la peau de ses vaches
devint plus souple et leur poil plus luisant; qu'elles

donnèrent le double de lait que dans les hivers précédents; que les porcs anglais parqués purent être livrés à la boucherie au bout de six semaines, moyennant 130 francs, sans qu'ils eussent consommé aucune nourriture; qu'un mouton a une ration suffisante de 2 kilogrammes 1/2 avec un peu de sel, et qu'il ne faut que 20 à 25 kilogrammes par jour pour engraisser un porc anglais adulte.

D'après Boussingault, dans son *Économie rurale*, la production d'un hectare de terre en topinambours est comme suit :

Dans le sable.	10,250 kilogr.
Bon terrain.	26,400 —

Et même dans ce dernier terrain, elle s'est élevée à 35,279 kilogrammes.

Roger prétend qu'il a vu rapporter dans les fortes terres argilo-siliceuses 600 hectolitres ; or, un hectolitre pèse 70 kilogrammes; ce qui ferait 42,000 kilogrammes par hectare.

D'après ce qui précède et l'avis des hommes compétents, on croit pouvoir signaler la culture du topinambour comme très-avantageuse, même dans les plus mauvais terrains, qui produisent presque sans frais un fourrage que l'on ne pourrait souvent pas obtenir en pareille quantité, dans les meilleurs terrains, surtout si, d'année en année, on les arrosait de purin, cet engrais liquide si précieux et qui est malheureusement trop dédaigné par la plupart des cultivateurs français.

(Courrier des familles.)

PLANTES FOURRAGÈRES

LES PLUS PROPRES A AMOINDRIR LA DISETTE DES FOINS, OCCASIONNÉE PAR LA SÉCHERESSE OU PAR TOUT AUTRE CAUSE

Récoltes dérobées.

1° Navets. — Aussitôt après la moisson, on dé- chaume avec une charrue légère, une charrue bisocs, un scarificateur ou une herse à dents en fer.

Le sol doit être labouré à plat ou en planches.

On ne fume pas ordinairement les champs qui doi- vent porter une récolte dérobée de navets. Toute- fois, si la terre était pauvre, il serait avantageux de répandre par hectare 5 à 6 hectolitres de noir animal, ou 150 à 200 kilogrammes de guano, ou 300 à 400 kilogrammes de tourteaux.

Les semis se font à la volée ou en ligne; on répand de 3 à 4 kilogrammes de graine par hec- tare.

Il est nécessaire de choisir de préférence des na- vets hâtifs.

Les turneps hâtif de Hollande, la rave hâtive

d'Auvergne, le navet blanc plat hâtif, le navet boule d'or conviennent particulièrement pour de tels semis.

La récolte a lieu vers la fin d'octobre ou au commencement de novembre. On peut faire consommer ces racines sur place par les moutons.

Un hectare peut donner de 15,000 à 20,000 kilogrammes de racines.

2° **Sarrasin allié au maïs et colza.** — Le sarrasin est un bon fourrage vert ; mais on augmente d'une manière notable ses propriétés nutritives en l'alliant au colza et au maïs quarantain. Ces deux plantes végètent aussi rapidement que le sarrasin.

Après avoir divisé et ameubli la couche arable, par un labour, on répand à la main, par hectare, de 20 à 25 litres de graines de sarrasin et de 40 à 50 litres de semence de maïs; on enterre ensuite ces graines par un hersage. Quand cette opération est terminée, on sème sur toute la surface du champ 2 à 3 litres de graines de colza, qu'on enfouit par un second hersage.

On fauche ce mélange en septembre et en octobre, suivant la facilité avec laquelle il s'est développé. Toutefois on ne doit pas attendre que la graine de sarrasin ait pris une teinte brune. Un tel mélange peut fournir par hectare de 30,000 à 40,000 kilogrammes de fourrage vert.

3° **Moutarde blanche.** — La moutarde blanche, qu'on nomme moutardou, plante au beurre, peut être cultivée sous toutes les latitudes et dans toutes les terres à froment et à seigle.

On la sème en juillet, en août, sur les terres qui ont produit des céréales, du lin, du colza, etc., après les avoir ameublies par un léger labour.

On répand de 12 à 15 kilogrammes de graine par hectare. Ces semences doivent être enterrées par un hersage.

On fauche de la moutarde blanche lorsqu'elle commence à fleurir, dans les mois de septembre, octobre et novembre, suivant les époques auxquelles les semis ont été exécutés. On peut aussi la faire consommer sur place par les bêtes à corne.

Cultivée sur des terres à froment, elle fournit par hectare, avant la fin des semailles d'automne, de 15,000 à 25,000 kilogrammes de fourrage vert de bonne qualité.

Indépendamment des récoltes dérobées qui viennent d'être mentionnées, on peut encore cultiver le navet d'hiver, qui cependant n'est pas assez rustique pour réussir dans les départements de l'Est et du Nord.

Au mois d'août, on laboure la couche arable et on la dispose en billons, si elle repose sur un sous-sol imperméable.

Les semis se font à la volée dans la première quinzaine de septembre. On doit éviter de les exécuter après le 1er octobre. On répand de 4 à 5 kilogrammes de graines par hectare.

En mars ou en avril, lorsque les premiers sont
ouverts, on commence l'arrachage des navets. Alors
leurs tiges tendres constituent une excellente nourriture verte. Avant de donner ces navets au bétail,
on écrase légèrement leurs racines à l'aide d'un
maillet à main.

Ces navets d'hiver fournissent par hectare de
20,000 à 30,000 kilogrammes de tiges, feuilles et
racines.

Enfin, on recommande encore le trèfle incarnat
ou farouche, qui se récolte au printemps et dont la
culture ne saurait être trop recommandée.

AMÉLIORATION DES PRAIRIES

Les prairies naturelles sont, en général, l'enfance
de l'agriculture ; dans les pays réellement bien cultivés, la nourriture du bétail et la production des
engrais sont principalement fondées sur les prairies
artificielles et la culture des racines fourragères.
Mais il s'en faut de beaucoup, malheureusement,
que toutes les terres cultivables soient cultivées dans
une grande perfection. On peut se hâter d'ajouter
que dans un grand nombre de cantons, l'état économique du pays ne permet pas de passer immédiatement à l'adoption du système de culture le plus
perfectionné.

En attendant que la transformation s'opère par
degrés, les prairies naturelles sont, non-seulement
utiles, mais indispensables; il faut les conserver,
les améliorer sans cesse, et faire à leur égard, de
même que dans toutes les branches de la pratique
agricole, non pas le mieux possible, mais le mieux
qu'il est possible, ce qui, quelquefois, est fort différent.

Une erreur commune chez beaucoup de cultivateurs peu éclairés, c'est celle qui consiste à croire
qu'on peut toujours prendre à une prairie et ne jamais rien lui rendre. Sans entrer dans des détails
scientifiques, on peut faire remarquer que le produit moyen d'une prairie naturelle étant de 4,000
kilogrammes de foin sec par hectare, ce produit
contient, en chiffres ronds, d'après les travaux des
meilleurs chimistes, 450 kilogrammes d'eau, 250
kilogrammes de cendres et 3,300 kilogrammes de
charbon. L'eau est fournie par l'humidité naturelle
du sous-sol, les pluies ou les irrigations, le charbon
est fourni par l'atmosphère que les feuilles des
graminées décomposent pour s'en nourrir ; les cendres, c'est-à-dire les principes solides, sont enlevées
à la terre. Puisqu'on les lui prend, il est indispen-
sable de les lui rendre, sinon la prairie naturelle
s'appauvrit de plus en plus, l'herbe de bonne qualité est dominée par les joncs, les prêles, les cares,
toutes herbes aigres, dures, dépourvues de principes
nourrissants ; le bétail mal nourri donne peu d'en-

grais, travaille comme à regret, et tout languit dans l'exploitation agricole dont le chef a laissé dépérir ses prairies naturelles.

Ainsi, dans la provision du fumier dont on peut disposer, il faut faire la part des prairies et les maintenir dans le meilleur état possible, en attendant qu'on puisse les supprimer en partie et les remplacer par des prairies artificielles et la culture en grand des racines fourragères.

———◇◇◇———

MAÏS CUZCO

L'usage du maïs, coupé en vert, comme plante fourragère, tend à se propager de plus en plus. Mais il importe d'employer les espèces qui donnent le fourrage le plus abondant. Celle qui offre le plus d'avantages est connue sous le nom de maïs Cuzco; elle est originaire de Cuzco (Pérou).

Des essais de reproduction ont été faits sur plusieurs points. Les grains ont levé avec facilité et fourni une végétation herbacée puissante; quelques-unes de leurs tiges ont mesuré 8 mètres de hauteur et 30 centimètres de circonférence. Partout les animaux ont accepté avec satisfaction, non-seulement ses feuilles tendres et succulentes, mais encore ses volumineuses tiges remplies d'une pulpe sucrée, de goût très-pur. On a obtenu, pour chaque pied, un poids moyen de 5 kilogrammes, feuilles et tiges.

Semés à une distance de $0^m,50$, ces grains donneraient donc par hectare une récolte de 200,000 kilogrammes d'un fourrage de premier ordre, offrant, en outre, des conditions spécialement favorables de dessiccation et d'emmagasinage. En réduisant, par modération, cette quantité à moitié pour la grande culture, on aurait encore 100,000 kilogrammes de fourrage frais, soit 20,000 kilogrammes de fourrage sec; et quand même il y aurait exagération dans cette dernière évaluation, 1 ou 2 hectares de maïs Cuzco doivent suffire pour rassurer les fermiers contre le manque de fourrage pour l'hivernage de leurs bestiaux dans les années où le rendement des prairies naturelles et artificielles reste au-dessous de la moyenne, par suite de la sécheresse du printemps. Le maïs Cuzco, adopté en qualité de plante fourragère, également facile à faner et à conserver à l'état sec, semble devoir être pour l'agriculture française une excellente acquisition.

La première quinzaine de mai est l'époque la plus favorable pour cette semaille. Les grains sont semés par deux ou trois, de $0^m,50$ en $0^m,50$, soit au sillon, soit au plantoir, à une profondeur moyenne de $0^m,15$. Un buttage pratiqué comme pour les autres maïs ne peut être que très-avantageux. La récolte se fait par arrachage, vers le commencement d'octobre.

LES ENGRAIS PERDUS

Il est de ces vérités qu'on ne saurait trop redire pour en pénétrer l'esprit des populations agricoles. En agriculture, il n'en est peut-être pas de plus importante que celle qui dit qu'il faut recueillir précieusement, pour les employer en temps utiles, les moindres parcelles des matières propres à engraisser la terre, à la rendre plus fertile et, partant, plus féconde. Il est incontestablement prouvé que la dispersion de ces matières est une perte énorme de richesses; il est certain aussi que c'est le cultivateur, le paysan, c'est-à-dire le premier ou le plus intéressé, qui se montre le plus insouciant sur ce chapitre. C'est autour de son habitation que l'on voit le plus communément se perdre, en salissant et en infectant tous les abords, les substances les plus riches en principes fertilisants. Par raison de luxe et de propreté, le propriétaire en sauve malgré lui, on peut le dire, et sans le savoir, une plus grande partie ; mais ni l'un ni l'autre ne se donnent la peine qu'ils devraient prendre pour recueillir et pour utiliser l'énorme quantité de matières qui se perdent et qui pourraient, si on le voulait, avec un peu de zèle seulement, fertiliser une partie notable de notre sol. Longue est la liste de ces substances décomposables, jetées çà et là, dans les ruelles, dans les cours, dans les chemins.

L'homme de bon sens, le véritable agriculteur, ne peut voir, sans éprouver un sentiment pénible, se perdre les moindres parcelles de matières fertilisantes. Dans sa maison, il prend toutes les précautions possibles pour les rassembler et les utiliser. Il y consacre ses soins et ne craint pas d'y mettre la main au besoin. Quelle fortune pour les familles et le pays s'il pouvait avoir de nombreux imitateurs !

On a fait ce calcul qu'un individu peut, chaque jour, produire, rassembler et utiliser, au profit du sol, assez de matières pour engraisser et faire prospérer au moins 300 pieds de froment. Si l'on multiplie ces 300 pieds par les 365 jours qui composent l'année, on trouve 109,500 pieds de froment. En admettant cinq épis pour chaque pied, on obtient 547,500 épis de froment, ou, en poussant ce calcul d'après les données connues, 6 hectolitres de blé et une fraction [1]. Ce chiffre, même réduit de moi-

[1] D'après les économistes les plus distingués et les personnes les plus compétentes en cette matière, il est établi qu'un kilogramme de déjections humaines représente un kilogramme de froment, et qu'un homme adulte produit, en moyenne, par jour, 150 grammes d'excréments solides et 710 grammes d'urines, soit 306 kil. 6 de vidanges dans une année, représentant 306 kil. 6 de froment.

Ce résultat est parfaitement en rapport avec celui du calcul sus-indiqué.

tié, serait un résultat magnifique et sur lequel on ne saurait trop appeler l'attention de tous les esprits sérieux.

————◇◇◇————

RÉSULTAT D'UNE EXPÉRIENCE
RELATIVE A LA PUISSANCE DU FUMIER

ET A SA PRODIGIEUSE INFLUENCE SUR LES CULTURES

Le fumier est l'âme de la terre ; c'est la vraie pierre philosophale de l'agriculture. On sait que cette vérité n'est pas nouvelle ; mais elle est d'une importance si capitale, elle est de nature à exercer une telle influence sur le sort des populations et l'avenir du pays, qu'on ne saurait jamais trop la répéter et en fournir des exemples. En voici un de date récente et des plus péremptoires.

En octobre 1863, retenu dans sa chambre par une indisposition assez grave, l'instituteur de Montbel, auteur de ce petit travail, avait recommandé à un de ses frères, occupé alors à l'ensemencement, en blé, d'un champ de 3e et 4e classes, de laisser à emblaver quatre surfaces égales, pour faire l'expérience conseillée dans son Mémoire sur les cultures fourragères. Par oubli ou pour toute autre cause, on ne le fit pas, et quand, le lendemain, il arriva au champ, celui-ci fut partout ensemencé comme à l'ordinaire. Il se contenta alors de faire tracer sur le point manifestement le plus mauvais deux petits rectangles contigus, parfaitement égaux sous le rapport de la superficie et des conditions du sol, et il fit ajouter à l'un de ces rectangles appelé n° 1, par rapport à l'autre, désigné sous le nom de n° 2, un supplément de fumure avec du fumier de même qualité que le fumier précédemment employé ; la fumure totale de cette parcelle correspondait ainsi à une fumure de 50 à 60 mètres cubes par hectare, c'est-à-dire à une fumure double, à peu près, à celle qui avait été donnée à ce champ, et, partant, au rectangle n° 2. Dans quelques jours, le blé leva sur toute l'étendue de la pièce, mais on distinguait de loin comme de près, un point où la récolte était beaucoup plus verdoyante, beaucoup plus vigoureuse que celle qui couvrait le reste, du champ, et cette supériorité, sur laquelle il a appelé plusieurs fois l'attention d'un certain nombre de personnes, en leur donnant les explications qui précèdent, s'est maintenue pendant toute la durée de la végétation.

Aux approches et jusqu'au moment de la maturité, le contraste a été plus frappant encore ; tandis que tout le champ formait une large nappe de verdure, le rectangle n° 1 était d'un jaune parfaitement doré. Le moment de la moisson est enfin arrivé. Le 29 juin, on a coupé la récolte des deux rectangles dont il s'agit ; on en a fait deux bottes distinctes, qui ont été pesées immédiatement ; l'une a donné 21 hectogrammes et l'autre 9 hectogrammes ; on devinera sans peine à chacune desquelles se rapportent les deux nombres précédents. On voit tout de suite que la différence 11 hectogrammes, provenant uniquement de la différence de quantité de fumier employée, est supérieure au produit de la parcelle n° 2 et qu'ainsi le produit de la parcelle n° 1 est plus que double de celui de l'autre parcelle ; mais ce qu'on ne voit pas et qu'il importe cependant de faire observer, c'est que les épis de la parcelle fumée un peu convenablement étaient roux, parfaitement beaux et comptaient jusqu'à 32 grains, bien nourris, tandis que ceux de l'autre parcelle, médiocrement fumée, étaient encore verdâtres, chétifs, grêles, et ne comptaient généralement que 13 ou 14 grains, pour la plupart avortés.

Voilà quel a été le premier résultat.

Voici maintenant celui du battage, effectué le 9 juillet.

Le rectangle n° 1					
a donné	47 centilitr.	en	10,510 grains,	pesant	375 gr.
Le rectangle n° 2					
n'a donné que	20	—	4,585	—	175
Soit une diffé-					
rence de	27	—	5,925	—	200

en faveur du premier.

D'où résulte cette conséquence incontestable, infaillible, que si on eût limité l'ensemencement à la moitié du champ et que l'on eût reporté sur cette moitié seulement la fumure employée sur l'autre moitié ou plutôt sur toute l'étendue du champ, cette partie aurait donné un produit beaucoup supérieur en quantité et en qualité au produit obtenu sur la surface entière; et en ajoutant à ce résultat l'économie de la semence, la valeur de la diminution de la main-d'œuvre, et le rapport, comme pâturage, de la moitié non ensemencée, on trouve pour une surface moitié moindre un revenu deux fois plus fort que le revenu primitif.

Ce qui précède est trop clair, trop significatif, pour qu'il soit nécessaire d'insister plus longtemps sur ce point important. Il suffit d'en constater l'authenticité, et c'est ce qui résulte du document officiel dont il va être donné ci-après copie.

PROCÈS-VERBAL

DRESSÉ SUR LA DEMANDE DU SIEUR VIDAL,
INSTITUTEUR PUBLIC A MONTBEL,
POUR CONSTATER LE RÉSULTAT D'UNE EXPÉRIENCE RELATIVE A LA
PUISSANCE ET A L'INFLUENCE DU FUMIER SUR LES CULTURES

L'an mil huit cent soixante-quatre, le dix juillet, nous, maire de la commune de Montbel, canton de Mirepoix (Ariége),

Sur la demande du sieur Vidal, instituteur public de cette commune,

Et pour rendre hommage à la vérité, avons dressé procès-verbal des faits ci-après, constatés dans les circonstances suivantes :

Le 29 juin, à midi, le sieur Vidal nous a présenté deux bottes de froment, qui venaient d'être coupées, provenant de deux surfaces contiguës, parfaitement égales, désignées sous les n°s 1 et 2, d'un terrain de 4ᵉ classe, et dont la surface n° 1 avait reçu une fumure à peu près double de celle de la surface n° 2, qui, comme le reste de la pièce, n'avait reçu qu'une médiocre fumure, desquelles bottes il nous a prié de constater le poids.

Cette opération effectuée immédiatement par nous, ainsi que par le sieur Dieuzaide (Jean), facteur rural, domicilié à Larroque-d'Olmes, en présence du sieur Richou (Jean-Baptiste), et de plusieurs autres personnes de la localité, a donné 21 hectogrammes pour la botte provenant de la parcelle n° 1, et 9 hectogrammes seulement pour celle de la parcelle n° 2, soit une différence de 11 hectogrammes en faveur de la première.

Ces deux bottes, déposées ce jour-là à la mairie, ont été battues le 9 juillet suivant, et le grain, en résultant, soigneusement nettoyé et compté par les élèves de M. Vidal, a été pesé publiquement par nous; celui de la surface n° 1 a donné 375 grammes et celui de la surface n° 2 n'a donné que 175 grammes. Nous avons constaté en outre que la qualité du grain produit par la première botte était de beaucoup supérieure, sous tous les rapports, à la qualité de celui de la seconde.

Par ces constatations, nous avons acquis la certitude, nous et tous ceux qui ont assisté, comme témoins, à nos opérations, qu'en semant moitié moins et fumant deux fois plus, on obtiendrait un produit certainement supérieur au produit généralement obtenu, et que si on pouvait fumer deux fois plus l'étendue actuelle des ensemencements, on doublerait, on triplerait même la quantité et la valeur des produits actuels.

En foi de quoi, nous avons rédigé et signé le présent procès-verbal, pour être remis au requérant et être fait par lui l'usage qu'il jugera à propos.

A la mairie de Montbel, les jours, mois et an que dessus.

(Suivent les signatures et l'empreinte du sceau de la mairie.)

CULTURE INTENSIVE

On a dit souvent, et avec grande raison, que la meilleure manière pour un cultivateur de placer son argent, c'était de le dépenser en améliorations sur ses terres.

Voici des faits cités par le *Journal d'agriculture pratique* qui confirment de tous points cette remarque.

Un fermier de Norfolk, interrogé par un amateur de culture, lui a déclaré que depuis vingt-cinq ans, il avait dépensé la somme de 1,750,000 francs en tourteaux et 1,250,000 francs d'engrais artificiels sur une terre de 480 hectares, composé d'un sol pauvre et léger, et qu'il se félicitait d'avoir eu le courage de faire cette énorme dépense de 120,000 francs par an, par conséquent d'environ 240 francs par hectare.

Un marchand qui a fait fortune en Australie a acheté, il y a quelques années, pour la somme de 3,500,000 francs, un domaine de 1,600 hectares, affermé 45 francs l'hectare seulement. Après avoir dépensé 1,250,000 francs à drainer sa propriété, à arracher les ronces, à construire des hangars, à tracer des routes, à labourer profondément avec des machines à vapeur, il a déjà doublé le fermage au bout de trois ans.

Tout le monde, dira-t-on peut-être, n'a point de pareilles sommes à dépenser et les millions sont rares. Rien n'est plus vrai ; mais ce qu'on fait avec un million sur un domaine de 1,600 hectares, on peut le faire en bien des points, avec un millier ou quelques centaines de francs sur 6, 5, 4, 3, etc. hectares.

Le tort d'un grand nombre de cultivateurs, quand ils ont quelques épargnes, c'est de laisser longtemps leur argent improductif, jusqu'à ce qu'il se présente dans leur village quelque coin de terre à acheter, ou de chercher des placements tout à fait en dehors de l'agriculture. C'est là un fait regrettable et sur lequel on ne saurait trop appeler l'attention de tout le monde.

La terre, en effet, doit être considérée avant tout comme un instrument de travail susceptible de continuelles améliorations, qui rend toujours en proportion de ce qu'on lui donne ; et le plus sûr moyen, pour le cultivateur, de faire de bonnes affaires, c'est donc d'augmenter son capital d'exploitation.

LES FOIRES ET LES CABARETS

Quelles sont les causes qui empêchent notre agriculture de progresser?

L'ignorance des propriétaires et des fermiers, livrés à l'esprit de routine, si la routine peut s'appeler esprit.

Le défaut du capital, qui rend impossible l'accroissement indéfini de la production et l'abaissement simultané du prix de revient.

L'absence des propriétaires du sol, qui suppose l'absence de la science et du capital.

Est-ce là tout? Non sans doute : il y a aussi la faute de Jacques Bonhomme, la faute du paysan, qui ne fait pas ce qu'il devrait faire ou plutôt qui fait ce qu'il ne devrait pas faire.

Le paysan dit qu'il n'a pas appris l'art de cultiver la terre et qu'il est condamné, par une ignorance imméritée, à demander à la routine la sécurité que la science lui refuse. C'est possible.

Le paysan dit qu'il n'a pas d'argent, et, par conséquent, aucun moyen de prêter à la terre ce capital qu'elle sait restituer si largement à qui sait donner et attendre. C'est encore possible.

Mais le progrès agricole a, dans le paysan lui-même, un ennemi bien plus terrible, bien plus implacable que l'ignorance, la routine et la pauvreté : cet ennemi, c'est l'amour de la foire et du cabaret.

Entrez dans un pauvre village, quelle est la maison la plus fréquentée? C'est le cabaret. Quel est le paysan le plus riche ? C'est le cabaretier.

La flânerie, la paresse, l'ivrognerie conduisent le paysan au marché ou à la foire ; la foire, le marché le conduisent au cabaret; le cabaret le mène tout droit à sa ruine.

Il y a en France 25,278 foires, une pour 1,500 habitants et par 2,171 hectares. Ce nombre tend chaque jour à augmenter d'une manière considérable. Ces foires sont inégalement réparties, et les départements les plus pauvres sont en général les mieux partagés.

On n'a pas l'intention de faire ici de l'économie politique ; mais on peut bien, dans l'intérêt de la morale, poser cette simple question :

A quoi servent les foires et les marchés ?

Ces réunions périodiques ont un double but : permettre au cultivateur de vendre plus facilement ses denrées en les apportant à jour fixe, dans un lieu déterminé où l'acheteur sait d'avance qu'il les trouvera ; faciliter en même temps l'approvisionnement du consommateur au moyen de la concentration de la marchandise, amenant la régularité des cours.

Voilà certainement tout le mécanisme de la foire et du marché.

Il ne devrait donc aller à ces réunions commerciales que ceux qui ont des denrées à vendre et ceux qui ont des denrées à acheter.

Nous ne demanderons pas : Qui est-ce qui va à la foire ? Nous demanderons : Qui est-ce qui ne va pas à la foire ? La réponse sera plus facile.

Dans un rayon déterminé, tout le monde va à la foire, sauf quelques femmes, quelques enfants en bas âge et les infirmes.

Presque tous ceux qui vont à la foire, vont au cabaret.

On n'a qu'à parcourir, pendant un jour de foire, les villages, les hameaux voisins du bourg ou de la ville favorisée de cette solennelle réunion, pour se faire une idée du mal qu'elle cause à notre pauvre agriculture. Ces hameaux, ces villages, sont silencieux ; les champs sont déserts ; les bœufs mugissent dans les étables abandonnées ; la charrue renversée dans le sillon attend le laboureur qui ne reviendra pas ; les cheminées ne fument plus. Les voleurs pourraient impunément dévaliser les maisons, s'il y avait quelque chose à voler.

Qui n'a assisté aux étranges et ruineuses consommations auxquelles le paysan se livre dans les cabarets ? Le vin succédant au café, le sirop d'orgeat succédant au vin, et les prunes à l'eau-de-vie succédant au sirop d'orgeat. Cela continue ordinairement jusqu'à ce que le consommateur, ivre-mort, est jeté à la porte, sans un sou dans sa poche.

A la foire succède le marché. La dépense est moins grande, mais c'est toujours une journée perdue.

Combien de journées semblables dans l'année? Comptons :

Deux marchés par semaine, cela fait 104 marchés. — Chaque village se trouve bien dans le rayon d'une vingtaine de foires, cela fait 124 jours. Ajoutons 52 dimanches et une dizaine d'autres fêtes ou jours fériés et nous aurons un total de 186 à 190 jours, pendant lesquels le paysan perd son temps et son argent : la moitié de l'année.

N'est-ce pas une véritable folie?

On va à la foire ou au marché, dira-t-on, parce qu'on y a à faire. Si cela était vrai, la moitié des marchés seraient déserts et bien des foires disparaîtraient d'elles-mêmes.

On se rend à la foire pour peu de chose et très-souvent pour rien; celui-ci pour y porter un fagot de cinq sous; celle-ci une mauvaise poule, celle-là une demi-douzaine d'œufs, un autre pour parler à un voisin qu'il eût été plus sûr de rencontrer chez lui; un autre pour savoir le prix d'un veau ou d'un cochon qu'il compte acheter le mois prochain.

Ceux qui n'ont pas d'argent vont au marché pour n'avoir rien à faire, les autres pour visiter le cabaret, mais tous ont un prétexte qu'ils croient suffisant.

Un pauvre paysan, journalier de son état, ne

possédant même pas la misérable cabane qui l'abritait, ne manquait pas d'aller régulièrement une ou deux fois par semaine à la ville voisine.

— Que vas-tu faire au marché? lui demanda-t-on un jour.

— Ma foi, monsieur, je vais m'acheter des sabots.

— Mais notre voisin fait pourtant de bons sabots !

— Il est trop serré pour son travail ; on les a, à la ville, deux sous meilleur marché.

Ce brave homme gagnait régulièrement ses vingt-cinq sous par jour.

Il perdit sa journée, mais il paya ses sabots deux sous moins cher.

Et voilà pourquoi on va au marché !

(*Gazette des campagnes.*)

MANIÈRE DE FAIRE FORTUNE EN AGRICULTURE

M. DECROMBECQUE, OU LE PLUS ÉCLATANT EXEMPLE DE SUCCÈS AGRICOLE

Nous avons dit, dans un autre petit travail, qui a fait l'objet d'une appréciation des plus favorables, que, jusqu'à une certaine limite, le rendement est en raison directe de la quantité d'engrais employée.

et en raison inverse de l'extension des cultures; en semant beaucoup, on sème mal, et en semant mal, on récolte peu ; tandis qu'en semant peu, on peut bien semer, et en semant bien, on récolte beaucoup.

Ce principe fondamental, et qui sera toujours vrai, se trouve particulièrement confirmé par l'exemple suivant, qui peut être un grand enseignement pour les cultivateurs.

La prime d'honneur pour l'exploitation la mieux dirigée du département du Pas-de-Calais a été décernée, en 1862, à M. Decrombecque, cultivateur-propriétaire, pour ses belles et riches cultures de la ferme de Lens. Il n'y cultive presque que deux plantes qui se succèdent sans interruption, tous les deux ans, le froment et la betterave. La betterave ne donne pas moins de 45,000 à 50,000 kilogrammes de racines par hectare [1]. Les froments, dont deux variétés préférées par M. Decrombecque, sont le blé Richelle de Naples et le blé Spalding d'Angleterre, ne donnent jamais moins de 30 hectolitres de grain par hectare ; ils donnent habituellement de 35 à 40 hectolitres par hectare ; l'avoine donne de 90 à 100 hectolitres par hectare. Que diront de ces rendements les cultivateurs de certains cantons du Centre et du Midi, qui récoltent

---

[1] Ce qui représente, au minimum, 9,000 ou 10,000 kilogrammes, soit 90 pour 100 quintaux métriques de foin sec par hectare.

modestement 9 hectolitres de froment par hectare et qui se frottent les mains quand ils en obtiennent 12 hectolitres? Il est vrai que ces cultivateurs sèment par hectare 2 hectolitres à la volée et que M. Decrombecque sème 1 hectolitre en lignes au semoir; il est encore vrai qu'ils fument tous les 4 ans, à raison de 18,000 à 20,000 kilogrammes de fumier médiocre par hectare (soit 15,000 tous les trois ans, dans l'assolement triennal) et que M. Decrombecque donne tous les deux ans pour la récolte de betteraves 42,000 kilogrammes de fumier de première qualité, et pour la récolte des céréales, qui succède aux betteraves, 750 kilogrammes d'un mélange par parties égales de guano, de tourteau pulvérisé et de noir de raffinerie. Il faut ajouter qu'au lieu de gratter le sol à 5 ou 6 centimètres, comme on le fait dans les cantons faiblement cultivés, l'exploitation de Lens laboure habituellement à 25 centimètres et défonce de temps en temps à 35 centimètres.

Tout cela coûte, mais tout cela rapporte.

M. Decrombecque est riche; mais il ne l'a pas toujours été. C'est par son travail, son talent et ses procédés qu'il s'est élevé au premier rang des cultivateurs de la France et qu'il s'est acquis la plus grande des fortunes agricoles. Il consacre à la culture de ses terres, dont il exploite une partie en qualité de fermier, un capital d'environ 1,000 fr. par hectare et ce n'est pas trop. C'est dans le sol lui-même, amené par degrés à son maximum de force productive, qu'il a puisé ce capital.

Toute proportion gardée, chacun peut en faire autant.

————————————

DEUX AUTRES EXEMPLES DE SUCCÈS AGRICOLES

NOUVEAU MODE TRÈS-PRODUCTIF DE PLANTATION DE LA VIGNE ET CULTURE DU TERRAIN QU'ELLE OCCUPE

Un vigneron du département du Cher a imaginé, il y a quelques années, de planter des terres qu'il venait d'hériter de son père, en lignes distantes de 10 à 12 mètres, les ceps étant sur les lignes à 2 mètres les uns des autres.

Cette idée lui vint en réfléchissant que s'il les plantait, comme c'est l'usage dans le pays, à $0^m,66$ ou à 1 mètre en tous sens, il eût été obligé de donner toutes les façons à la main, ce qui l'eût empêché de gagner sa vie pendant tout le temps que les jeunes vignes auraient mis à se développer et à devenir productives, c'est-à-dire cinq ou six ans et peut-être davantage.

En adoptant ce nouveau genre de culture, il fait labourer l'entre-deux de ses lignes de ceps en semence comme s'il n'y avait point eu de vignes ; ne faisant que piocher entre les ceps, dans la ligne, jus qu'à la quatrième année, époque à laquelle il attribue à chaque rangée de ceps environ 2 mètres 50 de terre qu'il cultive à la main, réservant au labour 10 mètres sur 12 mètres 1/2, lorsque l'hectare, qui a 100 mètres de large sur la même longueur, est plantée de huit lignes de ceps.

Ceux-ci sont pris dans l'espèce qu'on nomme Coo dans le pays; ce choix a pour raison que ce cépage demande à être taillé fort long, car il ne porte que sur le vieux bois; on lui laisse donc ses verges que l'on allonge jusqu'à 4 et 5 mètres.

La seconde raison que ce vigneron a eue de choisir cette espèce entre tant d'autres, est que le raisin qu'elle porte est le meilleur, tant pour manger, car il est très-sucré et coloré, ce qu'on veut dans ce pays pour faire du vin du Cher qui doit être fort et foncé en couleur, que pour convenir aux mélanges en usage dans le commerce de vin de Paris.

Une fois que les ceps sont devenus productifs, on allonge le long des ceps, sur les 2 mètres 1/2 qui leur sont consacrés, les verges, qui sont fort longues, étant formées de bois de deux et trois ans; on fume un des deux côtés de chaque ligne de ceps, on laboure et on y sème, en automne, du froment ou toute autre céréale, dans laquelle on peut semer du trèfle au printemps; l'autre côté se trouve en trèfle ou bien en vesces d'hiver, ou en trèfle incarnat, car il est essentiel que la récolte d'un des deux côtés soit fauchée, fanée et enlevée pour la

Saint-Jean, époque à laquelle les verges doivent être allongées sur le terrain récolté, labouré, hersé et roulé de manière à être bien uni et plat.

On fait supporter les verges par de petits piquets qui, après qu'ils ont été enfoncés en terre, ont encore une taillée d'environ $0^m,30$, afin que les grappes, une fois arrivées à leur entier développement, ne touchent pas terre, mais en soient assez rapprochées, pour profiter de la chaleur qu'elle renvoie, et qui agit alors comme un mur garni d'espaliers.

Une fois le froment coupé et enlevé, si l'on a semé du trèfle rouge, on n'a plus rien à faire; s'il n'y en a pas, on sème le terrain, après l'avoir fortement hersé pour enlever les chaumes, en trèfle incarnat; ou bien on laboure et on sème des vesces d'hiver ou du seigle mêlé d'escourgeon, pour être fauché en vert au printemps suivant.

Ce genre de culture, en y ajoutant une extrême activité et la très-grande économie de ce vigneron et de sa femme, qui a hérité plus tard, à peu près autant que son mari, soit, à eux deux, de 4,000 fr. environ, a transformé cette valeur en une fortune de 50,000 à 60,000 francs.

Ce brave homme et ceux qui, à son instar, ont adopté depuis plusieurs années cette méthode de plantation des vignes, assurent que ces huit ou dix rangs de ceps par hectare donnent autant de vin qu'une vigne plantée en plein; la raison en est que les ceps rapprochés se nuisent et s'affament, tandis que ceux qui se trouvent si espacés peuvent envoyer leurs racines à 6 ou 7 mètres de chaque côté des rangées de ceps, sans rencontrer celle des vignes voisines, en étant séparées par 8 ou 12 mètres.

Quand même ce produit se trouverait être un peu exagéré, il resterait encore bien des avantages à signaler aux personnes qui habitent un pays où l'on peut cultiver la vigne en terrain situé à peu près à plat et qui ont une assez grande étendue de terre convenable à la vigne; c'est que les huit lignes de ceps n'occupent par hectare que 20 ares, soit la cinquième partie de celle qui est généralement soumise à la culture à bras, fort chère partout. Les quatre cinquièmes restants de l'hectare produisent tous les ans un froment ou toute autre céréale sur demi-jachère fumée, ou une récolte de fourrage.

Il est suffisant, pour la prospérité de ces rangs de ceps, de fumer chaque année la moitié de l'hectare; cette fumure, étant payée par le froment et le fourrage, ne tombe pas à la charge de la vigne, ce qui n'est pas une petite économie pour elle.

DEUXIEME EXEMPLE DE CULTURE TRÈS-PRODUCTIVE
DE LA VIGNE

M... est un brave petit propriétaire-cultivateur des environs de Tours, et, quoique déjà vieux, il travaille plus activement encore que les jeunes. Étant batelier, il fit la connaissance de la personne qui est actuellement sa femme, pendant un séjour que le bateau sur lequel il naviguait fit au port de Saint-Georges. Le mariage terminé et les frais de noce payés, il restait au jeune ménage cinq francs et le lit que sa femme avait apporté comme dot. Eh bien, l'activité et l'économie de ces braves gens les ont amenés à la possession d'une maison, de vignes, de prés et de terres, valant, à peu près, 10 ou 11,000 francs.

Ceci fait voir que lorsqu'un jeune ménage qui ne possède rien en s'établissant, est actif, économe et a le bonheur de jouir d'une bonne santé, il peut parvenir à se créer une existence indépendante pour ses vieux jours.

Le sieur M... a 1 hectare 65 ares de vigne; à la partie qui est située en bonne terre il donne, tous les huit ans, un décalitre de fumier par cep, et à celles qui sont en terrain maigre, pierreux ou siliceux, il donne la même quantité tous les quatre ans.

Lorsque lui ou ses voisins plantent une terre en vignes, ils donnent à chaque pied ou chevelu 5 litres de fumier. Cette plantation se fait à 1 mètre en tous sens, ce qui fait par hectare 10,000 ceps, qui exigent autant de demi-décalitre de fumier, ce qui fait 50 mètres cubes, qu'on paye, suivant la qualité, de 8 à 10 francs le mètre.

Pour les fumures, il faut 100 mètres de fumier qui valent de 800 à 1,000 francs.

Un propriétaire qui soigne ses vignes a donc une de ces deux sommes à dépenser tous les quatre ou huit ans, suivant la nature du sol.

La plus forte raison qui fait que les propriétaires d'une assez grande étendue de vignes ne récoltent pas, à beaucoup près, autant de vins que les bons vignerons, c'est qu'ils reculent devant la forte dépense en fumier.

Quant au prix du fumier que quelques personnes pourraient trouver exagéré, on leur fait observer qu'à Tours, le fumier très-décomposé et fort pesant, dont certaines gens font un grand commerce, s'y vend au pied cube, à raison de 0 fr. 80 à 1 fr., ce qui porte le mètre cube à 26 fr. 40 ou 33 fr. Au reste, plus la culture d'un pays est perfectionnée, plus le fumier se vend cher.

Le sieur M... fournit donc à ses vignes, en les supposant en bon fonds, chaque année pour 165 francs de fumier; si elles sont en mauvais terrain, pour 330 francs, car elles doivent être fumées tous les quatre ans, au lieu de ne l'être que tous les huit ans. Il ne possède que 35 ares de très-bonne terre, qu'il cultive à la bêche : il est seul pour marner sa vigne ; c'est donc une culture de 2 hectares que cet homme fait complétement à la main; il met depuis 20 ans dans ces 35 ares, par moitié du chanvre et du froment, culture alterne en usage dans les bonnes terres de son pays natal.

Ces 35 ares de terre lui ont coûté 1,100 francs ; il pourrait les vendre maintenant 1,700 francs.

DES ASSOLEMENTS

EXEMPLES D'ASSOLEMENT D'UNE AGRICULTURE PROGRESSIVE

Le succès d'une exploitation agricole dépend souvent de la manière dont les plantes se succèdent sur la propriété; c'est dire, par un seul mot, toute l'importance d'un bon assolement.

Une terre, quelque fertile qu'elle soit, ne saurait s'accommoder de la culture continuelle d'une même plante; cela vient principalement de ce que les végétaux, comme les animaux, se nourrissent d'aliments différents; les substances que le froment enlève au sol, par exemple, ne sont pas les mêmes que celles dont s'alimente la pomme de terre, l'orge ou le trèfle. Ainsi, le sol qui a nourri du froment, n'en reste pas moins propre à nourrir de la pomme de terre, puis de l'orge ou de l'avoine, puis encore du trèfle, et par suite de cette différence dans l'alimentation, on peut faire succéder, l'une à l'autre, diverses cultures dans un certain ordre déterminé. Après avoir fumé de nouveau, on recommence dans le même ordre cette série ou une nouvelle série de cultures. Cette alternation ou variation de récoltes, la succession d'une plante améliorante à une plante épuisante, constitue ce que l'on appelle assolement.

L'assolement est donc la division des terres arables d'une propriété, en plusieurs parties, que l'on nomme soles et sur chacune desquelles on cultive annuellement une espèce de plante différente.

Voici quelques exemples d'assolements d'une agriculture progressive.

ASSOLEMENT DE 4 ANS

1re année : Pommes de terre, betteraves ou toute autre récolte sarclée.
2e   —   Paumelle, orge ou avoine.
3e   —   Trèfle ou sainfoin.
4e   —   Blé, puis navets ou sarrasin en récolte dérobée.

ASSOLEMENT DE 5 ANS

1re année : Pommes de terre ou toute autre récolte sarclée.
2e   —   Seigle, puis navets en récolte dérobée.
3e   —   Avoine, orge ou paumelle.
4e   —   Trèfle ou esparcette.
5e   —   Blé, puis navets ou toute autre récolte dérobée pour fourrages.

1re année : Millet ou toute autre récolte sarclée.
2e   —   Orge, avoine ou paumelle.
3e   —   Trèfle ou sainfoin.
4e   —   Blé.
5e   —   Pommes de terre.
6e   —   Avoine.

Les terres qui, en raison de leur mauvaise qualité, ne peuvent pas être classées dans un quelconque de ces assolements, doivent être converties immédiatement en pâturages, pour y entrer plus tard, successivement, après avoir été améliorées par d'abondantes fumures et des travaux appropriés à la nature du sol.

Dans certaines régions, il y aurait avantage aussi à y établir des vignobles. A cet égard, on doit examiner avec soin ce qui donne le plus de profit ou plutôt le moins de perte, et agir ensuite suivant les circonstances locales.

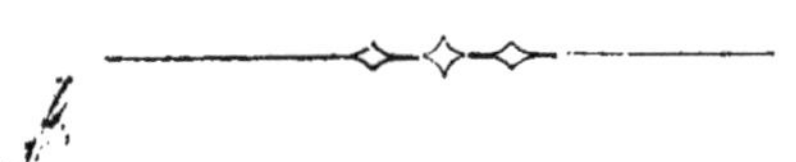

PRÉPARATION ET TRAITEMENT DU FUMIER

MÉTHODE VIDAL, DE MONTBEL

Il n'est peut-être rien, en agriculture, qui mérite d'être soigné comme le fumier, et il n'est rien, peut-être, qui soit aussi négligé, du moins par la généralité des petits cultivateurs.

Quelques soins cependant suffiraient pour doubler, tripler et même quadrupler avec la quantité, les principes ou la valeur fertilisante de cet engrais, qui est réellement, on ne saurait trop le redire, l'âme de la terre.

Voici une méthode simple et facile, spécialement propre à donner ce double résultat, d'une importance capitale.

Après avoir choisi sous un hangar, un auvent ou tout autre endroit le moins exposé possible à la pluie et autres intempéries atmosphériques, la place que l'on destine à l'établissement de la fumière, on pratiquera dans le sol un trou rectangulaire d'un mètre ou un mètre et demi de profondeur, en proportionnant les autres dimensions (longueur et largeur) à la quantité du fumier que l'on aura à y mettre ou à préparer. On disposera la base de ce trou de manière qu'elle forme deux plans égaux, légèrement inclinés vers le milieu avec une petite rigole à issues opposées.

De chaque côté de ce trou ou bassin, et latéralement aux plans dont il vient d'être parlé, on creusera deux fosses, également rectangulaires, d'une capacité proportionnée à la quantité de liquide ou autres matières qu'elles seront destinées à recevoir, mais ayant toujours de 1 à 2 mètres de plus de profondeur que le trou à fumier. Ces fosses auront pour commune destination de recevoir, chacune, la moitié du jus ou purin qui s'écoulera de la fumière ; mais chacune d'elles aura en même temps une affectation particulière. L'un de ces bassins sera exclusivement réservé à la préparation d'un bon purin dont on fera connaître l'usage ou le principal emploi un peu plus loin, et l'autre sera spécialement destiné à recevoir tous les débris de végétaux qu'on peut se procurer, tels que gazon, mauvaises herbes, fanes de pommes de terre, etc...., matières qu'ordinairement on laisse perdre et qui, par leur décomposition provoquée ou amenée par le purin, peuvent donner un excellent engrais, dont il est possible, en y joignant de la litière, d'augmenter la masse presque à volonté.

Il conviendrait que le fond et les parois des bassins fussent en maçonnerie, mais on peut y suppléer au moyen d'une couche de terre glaise ou argileuse, bien battue et rendue ainsi imperméable ; dans tous les cas, on doit s'assurer qu'il n'existe aucune infiltration.

Une rigole sera pratiquée autour des fosses pour empêcher les eaux pluviales de s'y écouler ; elle servira aussi à les y introduire à volonté, quand on aura besoin d'augmenter la quantité de liquide des bassins à purin, qui sont deux annexes indispensables à la fumière, et dont l'un devra être rempli constamment aux trois quarts et l'autre à moitié.

Les lieux d'aisance seront, en outre, établis à la première de ces deux annexes ; c'est une des principales conditions de la méthode proposée pour obtenir le succès désiré.

Une fois les choses ainsi disposées, on s'occupera de la préparation du premier purin. A cet effet, après avoir mis dans la fosse à ce destinée la quantité d'eau que l'on jugera nécessaire, on y jettera journellement ou le plus souvent qu'on le pourra toutes les déjections et les urines humaines ; les urines des animaux que l'on pourra ramasser ou recueillir dans les étables ; la fiente des colombiers et des poulaillers ; tous les crottins que l'on pourra ramasser sur les chemins ; la suie, les eaux grasses de la cuisine, ainsi que celles de la lessive ; enfin, tous les débris d'animaux, tels que poils, cuirs, peaux, chairs, os calcinés, etc....

En même temps, on emplira d'eau jusqu'à moitié hauteur, ou mieux de purin s'il est possible, en procédant comme il vient d'être indiqué, le bassin opposé, que nous appellerons fosse à décomposition ou à fermentation, et dans laquelle on entassera tous les débris de végétaux dont il a été parlé plus haut, ou, à défaut, de la litière, jusqu'à ce que le trou soit à p u près comble.

Avec ces deux bassins, qui sont deux éléments essentiels, de la litière à discrétion et les animaux nécessaires à l'exploitation, on aura une véritable usine à fumier, et on en pourra fabriquer pour ainsi dire la quantité que l'on voudra, sans augmentation de bétail.

Deux fois par semaine, on enlèvera les fumiers des étables, des écuries, porcheries, etc., et on les placera, en les mélangeant, couche par couche, dans le trou creusé à cet effet. On arrosera la première couche avec le purin de la fosse qui constitue la première annexe, jusqu'à ce qu'on voie le liquide commencer à couler au-dessous pour se rendre dans les bassins latéraux ; on foulera aux pieds cette couche sur laquelle on en placera une deuxième, puis une troisième, ensuite une quatrième, etc..., en arrosant et tassant chaque couche comme on l'a fait pour la première.

Chaque 10 ou 15 jours, on retirera de l'autre fosse toutes les litières ou autres matières que l'on y a jetées et on les mélangera avec les fumiers enlevés simultanément des étables, écuries, bergeries, etc...

Une ou deux fois par jour, on arrosera ensuite le tas ainsi formé avec le liquide à ce spécialement destiné, en ne s'arrêtant que quand on verra le purin rentrer dans les fosses, et on ne cessera ces arrosages quotidiens que deux ou trois jours avant l'enlèvement du fumier, pour le porter aux champs. En ce moment, on recouvrira le tas d'une couche de 4 ou 5 centimètres d'épaisseur, formée du raclage des étables, des bergeries ou des chemins environnants, en y joignant, tous les matins, pendant ce laps de temps, les urines de la maison. Puis on transportera ce fumier au champ et on l'enfouira le plus promptement possible, pour empêcher toute espèce de déperdition.

Par ces procédés on conserve au fumier, outre son volume, tous ses principes fertilisants, tandis que de la manière dont il est tenu par la grande majorité des cultivateurs, il diminue souvent de plus de moitié et perd ses meilleures qualités par l'évaporation, l'échauffement et le lavage des pluies.

Cette méthode est à la portée de tout le monde, et, à la rigueur, elle peut être mise en pratique sans aucune espèce de déboursé.

Voici le plan figuratif des lieux.

Fosse à fumier avec un Bassin à purin et une Fosse à fermentation.

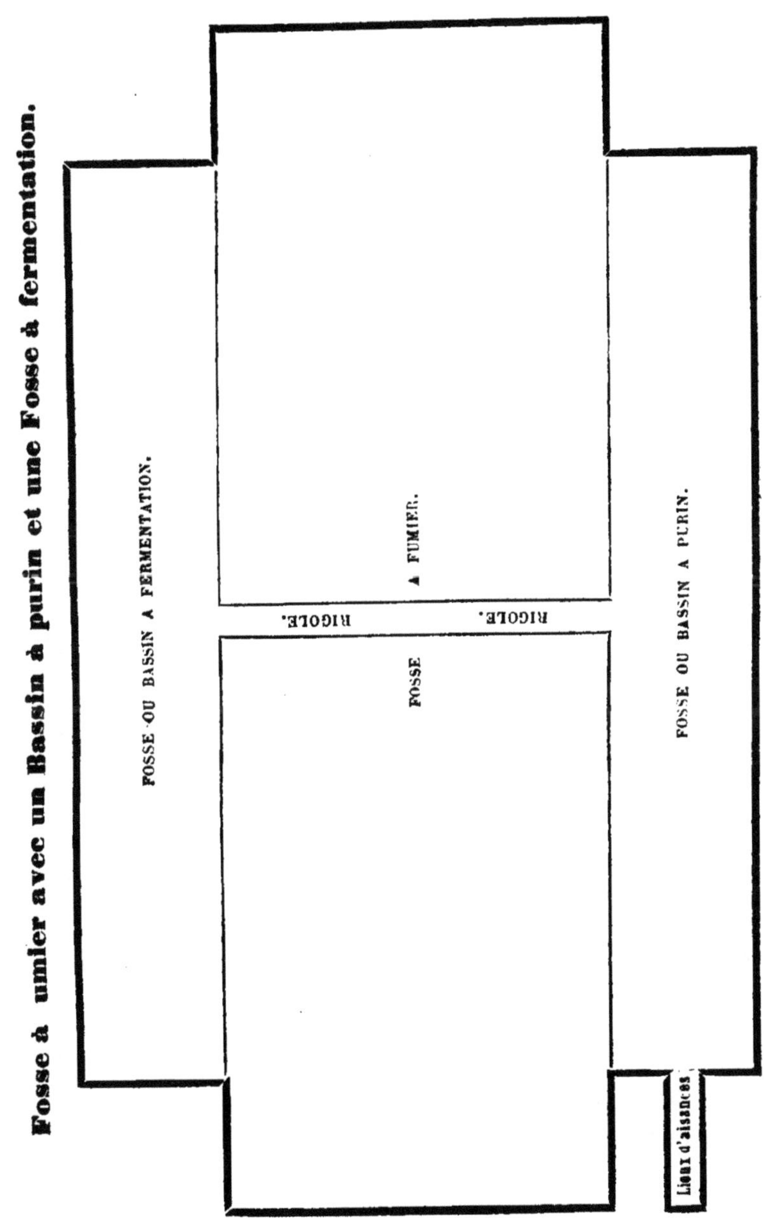

ACTION DU FUMIER SUR LES CULTURES

Le fumier, avons-nous dit, est notre principal, ou plutôt, notre seul élément de production agricole. Sans entrer dans les explications théoriques de l'action du fumier sur les végétaux cultivés, nous rappellerons les belles et concluantes expériences faites par le savant professeur Boussingault, qui en a publié les résultats en 1860.

Il ressort de ses expériences qu'il ne suffit pas, pour qu'une terre produise, qu'elle renferme, même à dose élevée, les principes nécessaires à la nourriture des plantes; il faut encore que ces principes s'y rencontrent à un état qui permette aux végétaux de se les approprier : c'est l'office principal du fumier, et c'est la raison pour laquelle les terres les plus fertiles ont autant besoin que les autres de fumures abondantes et fréquentes, dont elles fournissent les éléments, pour demeurer pro-, ductives. La quantité de ces principes, absorbés par les récoltes, est, d'après les mêmes expériences, excessivement minime par rapport à celle que contient une terre fertile. Mais les récoltes confiées au sol sont comme ces convives exigeants qui ne mangent pas s'ils n'ont devant eux une table bien servie : quoiqu'ils ne mangent pas tout, les restes du repas ne sont pas perdus.

De même, dans le sol, il faut qu'il y en ait trop, pour qu'il y en ait assez; et, quand les éléments nécessaires à la nutrition des plantes ne sont pas en grand excès, c'est comme s'il n'y en avait pas du tout : de là, nécessité d'une abondante fumure.

Mais il y a fumier et fumier. Si l'on entasse la litière sous les bestiaux pour le plaisir d'avoir un tas de fumier fort volumineux, formé principalement de paille pourrie avec une faible proportion de matières animales, on pourra arriver à fumer avec abondance et n'obtenir que de maigres résultats. En fait, la paille en excès ajoute peu ou point aux propriétés fertilisantes du fumier; elle ne sert réellement qu'à absorber et à retenir la partie liquide des engrais : tout ce qui n'est pas nécessaire pour remplir cette destination est de trop. Cette observation explique l'utilité ou plutôt la nécessité d'abondants et de fréquents arrosages avec un bon purin, tel que celui dont on a donné la composition dans le chapitre précédent.

Il résulte de là encore que nous devons mettre tous nos soins à nourrir le mieux possible le plus grand nombre possible de têtes de bétail, pour que le fumier, indépendamment de la paille et autres matières végétales, contienne la somme de substances animales réclamées par nos terres pour développer leur fécondité.

———<><><>———

DURÉE DES PROPRIÉTÉS GERMINATIVES DES PLANTES

Après un certain temps, deux ou un plus grand nombre d'années, les grains ou graines des végétaux, comme les animaux, perdent la faculté de se reproduire. Un cultivateur qui sèmerait une graine se trouvant dans ces conditions manquerait sa récolte ou n'aurait qu'une récolte avortée.

Il importe donc à un haut degré que l'homme des champs connaisse la durée des propriétés germinatives des plantes; et, quoique cette notion soit bien simple, il est cependant un grand nombre de cultivateurs qui ne la possèdent même pas. Aussi, cette ignorance a été bien des fois, sans qu'ils s'en soient doutés, l'unique cause de leurs échecs, qu'ils n'ont su à quelles circonstances attribuer.

Cette grave considération nous a déterminé à donner dans le tableau ci-après le résumé de cette utile connaissance.

TEMPS PENDANT LEQUEL LA PROPRIÉTÉ DE GERMER
SE MAINTIENT DANS LES PRINCIPALES SEMENCES, RÉCOLTÉES
ET CONSERVÉES DANS DE BONNES CONDITIONS

Blé d'automne pendant.........	3 à 4 ans.
Blé de printemps............	3 —
Seigle.................	4 —
Avoine...............	2 —
Orge d'automne..............	5 à 8 —
Orge de printemps............	2 —

Millet. . . . .   2 —
Sarrasin. . . . .   2 à 3 —
Féveroles.. . . . .   5 —
Pois. . . . .   5 —
Choux cabus. . . . .   5 à 6 —
Lentilles.. . . . .   2 —
Carottes. . . . .   4 —
Betteraves. . . . .   6 à 7 —
Chanvre. . . . .   3 —
Trèfle rouge. . . . .   2 à 3 —
Luzerne. . . . .   3 —
Rutabagas . . . .   5 à 6 —
Pavot ou œillette. . . . .   2 —
Colza. . . . .   3 —
Tabac. . . . .   9 —

RAPPORT COMPARÉ

DE LA VALEUR NUTRITIVE DES FOURRAGES DE PRAIRIES ARTIFI-
CIELLES ET D'UN GRAND NOMBRE D'AUTRES SUBSTANCES ENTRANT
DANS L'ALIMENTATION DES ANIMAUX, ET LE FOIN SEC DES PRAI-
RIES NATURELLES CONSIDÉRÉ COMME L'ALIMENT NORMAL DU BÉ-
TAIL.

Le foin sec des prairies naturelles, contenant
tous les principes nécessaires à un bon entretien,
est considéré comme l'aliment normal du bétail;
les fourrages artificiels et un grand nombre d'autres substances entrent à un degré plus ou moins
différent dans l'alimentation des animaux.

Tous les cultivateurs auraient le plus grand intérêt à connaître les quantités relatives des principes nutritifs contenus dans ces différents ali-

ments, et le nombre de ceux qui possèdent cette connaissance est cependant très-restreint.

C'est pour satisfaire à ce besoin que nous donnons dans le tableau ci-dessous le rapport existant entre l'aliment normal et les autres substances alimentaires des bestiaux ; et, pour qu'on n'élève aucun doute sur l'exactitude de ce travail, nous empruntons nos données aux analyses faites par M. Boussingault, analyses contrôlées par divers cultivateurs.

ALIMENTS.	Kilog. pris pour unité ou terme de comparaison.	ALIMENTS.	Kilog. pris pour unité ou terme de comparaison.
Foin ordinaire des prairies naturelles, considéré comme l'aliment normal	1.0	Paille de millet. . . .	2.5
		Paille de sarrasin. . .	2.00
		Paille de lentilles. . .	2.00
Foin choisi des mêmes prairies..	équiv^ts. 0.6	Vesces fauchées en fleurs et fanées.	1.25
Bonne luzerne	1.00	Feuilles de betteraves vertes..	6.00
Luzerne verte.	4.5	Tiges vertes de topinambours.	4.0
Bon trèfle de 2e année.	1.00		
Trèfle vert.	4.5	Feuilles de tilleul.. . .	0.75
Bon sainfoin	0.9	Feuilles de peuplier du Canada.	1.40
Sainfoin vert	4.00		
Spergule.	0.9	Feuilles de chêne.. . .	1.25
Spergule verte.. . . .	4.00	Feuilles d'acacia. . . .	1.60
Paille de froment. . .	5.00	Feuilles de choux.. . .	4.20
Paille de seigle. . . .	6.00	Rutabagas	6.00
Paille d'avoine.. . . .	3.00	Navets.	7.00
Paille d'orge..	4.00	Betteraves	5.00
Paille de pois.	2.00	Carottes	4.00

ALIMENTS.	Kilog. pris pour unité ou terme de comparaison.	ALIMENTS.	Kilog. pris pour unité ou terme de comparaison.
Pommes de terre ou topinambours. . . .	3.00	Balles ou paillettes de froment.	1.35
Marc de pommes à cidre	2.00	Riz du Piémont. . . .	0.96
Pulpe de betteraves. . .	3.10	Graine de Madia. . . .	0 31
Vesces en grain.	0.42	Tourteau de Madia. . .	0.23
Féveroles.	0.40	Tourteau de lin. . . .	0.22
Pois jaunes.	0.42	Tourteau de colza . . .	0.23
Haricots blancs	0.30	Tourteau de caméline. .	0.21
Lentilles	0.33	Tourteau de chènevis. .	0.27
Maïs.	0.70	Tourteau de pavot . .	0.21
Sarrasin	0.55	Tourteau de noix. . . .	0.22
Orge.	0.65	Tourteau de faînes. . .	0.35
Farine d'orge.	0.54	Tourteau d'arrachis . .	0.14
Avoine.	0.68	Glands secs.	1.43
Seigle.	0.58	Marcs de raisin séchés à l'air.	0.68
Froment	0.50		
Farine de froment. . .	0.40	Châtaignes ou marrons d'Inde.	0.50
Son de froment. . . .	0.85		
Son de seigle.	1.00	Graines de tournesol. .	0.62

RAPPORT DU FUMIER DE FERME

A L'ÉTAT HUMIDE ORDINAIRE AVEC LES AUTRES PRINCIPAUX
ENGRAIS EMPLOYÉS EN AGRICULTURE

De même que le foin sec est la base de la nourriture du bétail, un bon fumier de ferme est l'engrais normal de toutes les cultures ; mais, comme il existe une foule d'autres matières fertilisantes, d'un usage fréquent en agriculture, il est très-essentiel que les cultivateurs connaissent le rapport de ces diverses matières avec l'engrais normal. Ici encore, pour qu'on ne puisse pas suspecter le résultat de cette comparaison, on a eu recours aux travaux des premières autorités en agronomie.

DIFFÉRENTES ESPÈCES D'ENGRAIS.	Poids équivalents des différents engrais.	DIFFÉRENTES ESPÈCES D'ENGRAIS.	Poids équivalents des différents engrais.
Fumier de ferme à l'état humide ordinaire (kil. pris pour unité). . .	1.000	Dépôts des eaux des féculeries.	1.11
Fumier d'auberge. . .	0.51	Excréments mixtes de vache.	0.98
Goëmon..	1.05	Excréments mixtes de cheval.	0.54
Coquilles d'huîtres. . .	1.25	Excréments de porc. .	0.63
Vase de la rivière de Morlaix.	1.000	Excréments de mouton.	0.36
Trez.	3.08	Excréments de chèvre..	0.19
Merl.	0.78	Poudrette de Belloni. .	0.11
Graines de lupin blanc.	0 115	— de Montfaucon. .	0.26
Touraillons d'orge. . .	0.09	Colombine..	0.22
Marcs de raisins. . . .	0.23	Guano.	0.80
Tourteaux de lin, de colza ou de Madia. .	0.08	Litières de vers à soie .	0.12
Tourteaux d'arrachis. .	0.045	Sang liquide..	0 13
Tourteaux de caméline, de pavots ou de noix.	0.075	Sang coagulé..	0.09
Tourteaux de chènevis.	0.09	Marcs de colle	0.11
Tourteaux de faînes.. .	0.12	Pains de creton. . . .	0.035
Marcs de pommes à cidre ou de houblon. .	0.68	Noir de raffineries. . .	0.28
Pulpes de betteraves séchées à l'air.	0.35	Bourre de poils de bœufs.	0.03
Pulpes de pommes de terre.	0.76	Chiffons de laine. . . .	0.025
		Râpures de corne . . .	0.03
		Suie de houille..	0.30
		Suie de bois.	0.35
		Cendres de Picardie. .	0.62
		Terreau de crottin. . .	0.33

On voit que, d'après l'examen qui en a été fait
par MM. Payen et Boussingault, 1 kilogramme de
fumier de ferme, à l'état humide ordinaire, équivaut à la quantité indiquée dans le tableau ci-dessus
de chacune des différentes espèces d'engrais qui y
sont désignées.

ÉMIGRATION DES CAMPAGNES VERS LES VILLES

CONSEILS AUX CULTIVATEURS

Bien que l'esprit public se tourne de plus en
plus, chaque jour, vers l'agriculture, sans contre-
dit le plus noble et le plus utile des arts, il est cependant des personnes encore qui semblent dédai-
gner le travail de la terre ; beaucoup de jeunes cultivateurs quittent ou aspirent à quitter la profession
de leurs pères, pour aller tenter la fortune dans
quelque cité. Cette émigration des campagnes vers
les villes est une des tendances les plus fâcheuses,
et on pourrait même dire des plus funestes de notre
époque ; combien de malheureux, à la place des
biens qu'ils ont rêvés, ne trouvent dans les villes
que la corruption, l'abandon et la misère et y pé-
rissent de faim et de désespoir chaque année !

Qu'il nous soit donc permis de rappeler ici au
laboureur, l'honorabilité, la dignité et les avantages de sa profession, que les Romains ont élevée

au niveau de celle de leurs empereurs ou de leurs plus grands capitaines.

Le campagnard se laisse trop souvent persuader que les cités seules réunissent les agréments qui embellissent la vie. Mettons-le en garde contre des peintures fantastiques; elles ne montrent qu'un côté de la vérité. Sans doute la ville a des attraits; mais elle a aussi ses dangers et ses misères. Qui ne sait tous les vains projets qui viennent s'y engloutir et toutes les déceptions amères de l'imprudent livré sans expérience à ses entraînements! Les gens de la campagne doivent avoir une plus haute opinion de leur condition; elle n'est pas inférieure à celle de l'ouvrier des villes. Qu'ils gardent donc avec orgueil la part faite à leur activité dans le vaste atelier national. Ce travail est la base et le soutien de tous les autres; il est l'élément primordial de la prospérité publique; c'est de lui que dépend ce pain quotidien que Dieu accorde à la prière de l'homme pour le soutien de ses forces et de sa vie.

Pénétré de ces importantes vérités, l'homme des champs ne doit avoir d'autre sollicitude, d'autre ambition que de s'appliquer au perfectionnement de ses méthodes, de l'élève du bétail, des instruments aratoires, au choix des semences, etc...., en un mot, au perfectionnement de tout ce qui se rattache à son exploitation, et bientôt l'aisance et l'abondance lui donneront le bonheur que méritent

ses utiles travaux et qu'il aurait cherché en vain
partout ailleurs.

Trop heureux si, par nos conseils et notre exemple, nous pouvions contribuer à obtenir ce résultat,
du moins pour la population au milieu de laquelle
nous vivons !

Aux considérations qui précèdent, nous ajoute-
rons les réflexions suivantes de M. l'abbé Mullois, sur
le même sujet, lesquelles nous paraissent spécialement propres à exercer la plus salutaire influence
sur les populations des campagnes.

« Certains pays, dit-il, comme l'Angleterre et la
Belgique, ont donné trop de développements à l'industrie, et, pour un heureux, ont fait souvent bien
des misérables... Cependant, hélas ! il faut l'avouer,
depuis quelques années, il y a aussi chez nous tendance à abandonner le travail des champs pour le
travail des villes et des usines.

« Au premier abord, on s'explique cette tendance
et on serait presque tenté de l'excuser. La supériorité de nos produits industriels pour la délicatesse
et le goût les a fait rechercher sur tous les marchés
du globe ; l'ouvrier français est, par son intelligence, au premier rang de cette partie de la grande
famille humaine qui vit de son travail et honore
la société.

« L'habitant des campagnes, un instant ébloui, a
voulu avoir sa part de gloire et d'argent ; il s'est
jeté en masse dans les villes... Mais il est temps de

s'arrêter : il y a là un abîme ; et à la place de l'abondance, nous aurions la plus affreuse misère.

« Ici qu'il me soit permis de donner les conseils de la charité et du cœur aux ouvriers des campagnes et aux cultivateurs.

« Ah ! restez, vous : la vie des champs est honorable. A la ville, les salaires sont peut-être plus considérables ; mais les dépenses, mais les chômages, mais les maladies, mais les compagnies, mais les voyages, mais le temps mis à chercher du travail ; mais les crises commerciales, mais les privations de la famille !. . On parle de ceux qui ont réussi, mais on ne dit rien de ceux qui ont tout perdu, jusqu'à l'honneur !

« Il y a encore tant à défricher, à améliorer ; restez donc aux champs et retenez-y vos enfants, là, vos jours s'écouleront dans le calme avec la conscience d'avoir donné la vraie prospérité à la France.

« Ce que je dis aux ouvriers, j'ose bien le dire à leurs maîtres ; de ce côté-là, le danger est plus grand encore. Notre population s'est accrue ; que deviendrons-nous si l'agriculture n'augmente ses produits ?... C'est ce à quoi on ne songe guère. Dès qu'un fermier, un cultivateur, a acquis un peu d'aisance, au lieu de penser à améliorer sa terre, à acheter des engrais, à augmenter le nombre de ses bestiaux, il dit à sa femme : Notre état est trop pénible ; s'il plaît à Dieu, notre fils n'aura pas tant de mal ; il fera ses classes et aura une bonne place.

Parole inconsidérée, parole cruelle même ; elle est toute pleine de souffrances, de misères du corps et de l'âme, de regrets, de larmes...

« Sur ce, le jeune homme est placé dans un collége ; pour le soutenir, on s'épuise, on dévore la séve de sa terre. Quelquefois il réussit ; le plus sou--vent il devient un avocat sans cause, un médecin sans malades, un homme qui cherche éternellement une place dans les chemins de fer et qui n'en trouve jamais ; bien heureux encore s'il ne devient un mauvais sujet qui ruine et déshonore sa famille.

« Une place, mais mon Dieu ! où la prendrez-vous donc ? J'en cherche partout et je n'en trouve nulle part ; toutes les carrières sont encombrées... Mais, sachez-le donc une bonne fois : il y a dix mille hommes au moins qui y végètent, qui y souffrent des douleurs atroces et qui ont plus d'esprit, plus de talent, plus de science que n'en aura votre fils, quand il aura étudié vingt ans encore et quand vous aurez dépensé pour lui vingt-cinq ou trente mille francs. Ah ! si vous saviez ce qu'ils endurent ! Je vais tout dire. J'ai trop souffert, je souffre trop de voir tant souffrir. Quelques-uns de ces infortunés en sont réduits à rester couchés pour n'avoir ni trop froid, ni trop faim ; du reste, souvent ils manquent même de chaussure pour sortir ; et l'un d'eux disait dernièrement, avec une amère ironie, que ses bottes permettaient à chaque pas à son pied de donner un cordial baiser à la boue. C'est navrant pour le cœur d'entendre leurs plaintes ; ils maudissent tout : leur existence, Dieu, et même leurs parents ; ils accusent la société, l'accusent d'être injuste, de ne donner des places qu'aux intrigants, de les refuser au mérite : la preuve c'est qu'ils n'en ont pas.

« Gardez-vous donc de jeter votre enfant à ces terribles chances ; ne cherchez pas à en faire un monsieur, faites-en plutôt un bon et brave laboureur comme vous. Donnez-lui votre profession avec l'aisance de plus, et sa vie s'écoulera au milieu de l'estime et de la reconnaissance. »

COMMENT L'HOMME DES CHAMPS

PEUT SE PROCURER L'AISANCE ET LE BONHEUR

Un pauvre laboureur n'avait qu'un toit de chaume ;
Un arpent de terrain formait tout son royaume ;
Il n'avait pour aider au travail de ses mains
Qu'une vache nourrie aux dépens des chemins.
Sa friche, toutefois, activement soignée,
N'étant point, par bonheur, de la ville éloignée,
Chaque matin, sa femme y portait des produits,
Du lait, quelques œufs frais, des légumes, des fruits ;
En sorte que, grossi de semaine en semaine,
Le pécule permit d'ajouter au domaine
Un pâtis communal qui, longtemps négligé,
Lui fut pour un prix vil aisément adjugé.
Aidé de ses enfants, qui prennent de la force,
De ce terrain inculte il déchire l'écorce ;

Livre au feu la broussaille, en dissémine au vol
La cendre dont les sels activeront le sol ;
Répand, à pas comptés, sur ce champ qu'il déverse
Quelques boisseaux d'avoine enfouis sous la herse,
Qui, plus que décuplés sous un regard de Dieu,
D'une moisson d'écus étonneront ce lieu.

De ce trésor du ciel que va faire notre homme ?
Il est industrieux, travailleur, économe :
Ira-t-il, fréquentant les foires d'alentour,
Changer en maquignon l'artisan du labour ?
Passer au cabaret douze mois de l'année ?
Et, dépensant le soir le gain de la journée,
Se poser l'avocat de paresseux fermiers
Qui ruinent leur maître et soi tout les premiers ?
Dieu l'inspirant toujours, comme il sera plus sage !
Comme il va de ce don faire un meilleur usage !
Il donnera l'exemple au colon riverain !
Il a jeté son plan, calculé son terrain :
Son champ vers le couchant en douce pente incline ;
Il utilisera le bas de la colline ;
Sur du gazon semé, par de petits ruisseaux,
Des sillons engraissés il conduira les eaux.
Il ne laissera point d'inutiles jachères ;
Le trèfle, le sainfoin, les plantes fourragères,
Le colza, le maïs, l'orge, le sarrasin,
Le seigle, le froment, la grappe de raisin,
Chacun au temps marqué, don de la Providence,
Orneront son enclos de leur magnificence.
Le travail est puissant, notre homme l'a compris ;
De son intelligence il recueille le prix.
Génisses et taureaux peuplent ses écuries ;
Mérinos et métis peuplent ses bergeries.
Aujourd'hui sa chaumière est un palais des champs,
Dont le père est le roi, les princes, ses enfants.

Quarante ans de travaux ont produit ce miracle ;
Aussi pour l'étranger quel ravissant spectacle !
C'est là que le bonheur habite en liberté,
Sans faste, sans éclat, mais non sans dignité !

Venez et contemplez ce bon chef de famille !
Oh ! comme sur son front la sérénité brille !
Laboureur émérite, il ne laboure plus ;
Mais pour cela ses soins ne sont pas superflus ;
C'est encor lui qui veille aux travaux, qui commande,
Qui règle la journée, encourage, gourmande,
Semblable au général qui, sans sortir du camp,
De la campagne au loin conduit seul tout le plan.
Quand le soir réunit la famille nombreuse,
De l'entourer d'égards elle se montre heureuse.
Devant son grand fauteuil, chacun vient à son tour
Rendre compte des soins et du travail du jour.
Lui préside au souper, frugal mais salutaire,
Que la vieille Baucis sert sur un plat de terre ;
Et, les mets achevés, il récite à genoux
La prière du soir... puis il les bénit tous.
Chaste et sainte maison où les pieux exemples
Propagent les vertus qu'on enseigne en nos temples ;
D'où les bons serviteurs ne sortiront un jour
Que pour être plus tard bons maîtres à leur tour.

. . . .

Petit granger d'abord, gros fermier par la suite,
Voilà par quels degrés, s'il a de la conduite,
L'homme des champs arrive à posséder enfin
Un toit où dans la paix il achève son destin.

CAILLON.

TABLE DES MATIÈRES

FIN DE LA TABLE DES MATIÈRES.

PARIS. — IMP. SIMON RAÇON ET COMP., RUE D'ERFURTH, 1.

CATALOGUE

DE LA

LIBRAIRIE AGRICOLE

DE

LA MAISON RUSTIQUE

RUE JACOB, 26, A PARIS

PAR ORDRE DE MATIÈRES ET NOMS D'AUTEURS

MAI 1868

CE CATALOGUE ANNULE LES CATALOGUES PRÉCÉDENTS

DÉSIGNATION DU CATALOGUE

AVIS IMPORTANT

Toute commande de livres publiés à Paris, si elle est faite par un abonné du *Journal d'agriculture pratique*, de la *Revue horticole* ou de la *Gazette du village*, et accompagnée du prix de ces livres en un mandat sur Paris, ou, ce qui est plus sûr, en un bon de poste dont on garde la souche, qui sert de quittance, est expédiée sur tous les points de la *France*, de l'*Algérie*, de l'*Italie*, de la *Belgique* et de la *Suisse*, *franco*, au prix marqué dans les catalogues, c'est-à-dire au même prix qu'à Paris.

Les commandes de plus de 50 francs, faites dans les mêmes conditions, sont expédiées *franco* et sous déduction d'une *remise de dix pour cent*.

Quel que soit le chiffre de la commande, la remise est toujours de *dix pour cent* pour les abonnés, lorsque, au lieu d'expédier par la poste les ouvrages demandés, la *Librairie agricole* les livre au comptant à Paris.

Le catalogue de la *Librairie agricole* est expédié *franco* à toute personne qui en fait la demande *franco*.

On ne reçoit que les lettres affranchies.

MAISON RUSTIQUE DU XIXᵉ SIÈCLE

CINQ VOLUMES GRAND IN-8 DEUX COLONNES

ÉQUIVALANT A 25 VOLUMES IN-8 ORDINAIRES, AVEC 2,500 GRAVURES

REPRÉSENTANT

LES INSTRUMENTS, MACHINES, ANIMAUX ARBRES, PLANTES, SERRES
BATIMENTS RURAUX, ETC.

PUBLIÉS SOUS LA DIRECTION DE

MM. BAILLY, BIXIO ET MALPEYRE

TABLE DES PRINCIPAUX CHAPITRES DE L'OUVRAGE

TOME Iᵉʳ. — AGRICULTURE PROPREMENT DITE

Climat.	Labours.	Conservation des récoltes.	Plantes-racines.
Sol et sous-sol.	Ensemencements.		Plantes fourragères.
Amendements.	Arrosements.	Voies de communication.	Maladies des végétaux.
Engrais	Irrigations.		
Défrichement.	Récoltes.	Céréales.	Animaux et insectes nuisibles.
Dessèchement.	Clôtures.	Légumineuses.	

TOME II. — CULTURES INDUSTRIELLES, ANIMAUX DOMESTIQUES

Plantes oléagineuses.	Houblon.	Pharmacie vétérinaire.	Cheval, âne, mulet
Plantes textiles.	Mûrier.		Races bovines.
— économiques.	Arbres olivier.	Maladies des animaux.	Races ovines.
— potagères.	— noyer.		Races porcines.
— médicinales.	— de bordures.	Anatomie.	Basse-cour.
— aromatiques.	— de vergers.	Physiologie.	Lapin, pigeon.
— tinctoriales.	Animaux domestiques.	Elevage et engraissement.	Chiens.

TOME III. — ARTS AGRICOLES

Lait, beurre, fromage.	Laine.	Lin, chanvre.	Résines.
	Vers à soie.	Fécule.	Meunerie.
Incubation artificielle.	Abeilles.	Huiles.	Boulangerie.
	Vins, eaux-de-vie.	Charbon, tourbe.	Sels.
Conservation des viandes.	Cidres, vinaigres.	Potasse, soude.	Chaux, cendres.
	Sucre de betterave.		

TOME IV. — FORÊTS, ÉTANGS: ADMINISTRATION; CONSTRUCTION

Pépinières.	Empoissonnement.	Administration.	Constructions.
Arbres forestiers.	Législation rurale.	Choix d'un domaine.	Attelages.
Culture des forêts.	Droits de propriété.	Estimation.	Mobilier.
Exploitation.	Bail, Cheptel.	Acquisition.	Bétail, engrais.
Abatage.	Biens communaux.	Location.	Systèmes de culture
Estimation.	Police rurale.	Améliorations.	Ventes et achats.
—	Aménagement.	Capital.	Comptabilité.
Pêche, Etangs.	Plantation.	Personnel.	

TOME V. — HORTICULTURE

Terrain, engrais.	Semis-greffes.	Jardin fruitier.	Plans de jardins.
Outils, paillassons.	Pépinières.	— fleuriste.	Calendrier du Jardinier.
Couches, bâches.	Taille.	— potager.	
Terres.	Arbres à fruits.	Culture forcée.	— du forestier.
Orangerie.	Légumes.	Fleurs.	— du magnanier.

Prix des 5 volumes (ouvrage complet). . . . . 39 fr. 50

Chaque volume pris séparément . . . . 9 fr. »

Il n'y a pas d'agriculteur éclairé, pas de propriétaire qui ne consulte assidûment la *Maison rustique du dix-neuvième siècle ;* ce livre, expression la plus complète de la science agricole pour notre époque, peut former à lui seul la bibliothèque du cultivateur. 2,500 gravures réparties dans le texte parlent aux yeux et donnent aux descriptions une grande clarté.

AGRICULTURE — ÉCONOMIE RURALE

Alliot.

Maladies des végétaux (Origine des) et des animaux herbivores, moyens de les prévenir par le drainage, par Alliot. 92 p. in-8.   1 50

Almanach.

Almanach du Cultivateur, par les Rédacteurs de la *Maison rustique*. 192 pages in-18 et 83 gravures. . . . .   » 50

Une nouvelle édition de cet almanach est publiée chaque année.

Annales.

Annales de l'Institut agronomique de Versailles. 1 vol. in-4 de 418 pages avec 4 planches. 3 50

Barral et de Céris.

Bon Fermier (Le), par Barral, et pour les nouveautés, par de Céris. Aide-mémoire du Cultivateur. 1 volume in-12 de 1,495 pages et 100 gravures. . . . .   7 »

Ouvrage contenant : le calendrier détaillé — le tableau des foires de chaque département — des tables usuelles pour la détermination du poids du bétail et pour les principaux besoins de l'agriculture — les travaux agricoles de chaque mois pour toutes les parties de la France — les distilleries — féculeries — brasseries et autres industries annexées aux exploitations rurales — la mécanique agricole complète, avec description et gravure des meilleurs instruments aratoires, machines, etc.

Une nouvelle édition du *Bon Fermier* est publiée tous les ans, avec revue de l'année écoulée et addition des nouveautés, par de Céris.

Bertin.

Chemins vicinaux (Des), par Amédée Bertin. in-8 de 111 p.   1   »

Statistique des subsistances (De la), par A. Bertin. 1 vol. in-12 de 96 pages. . . . .   » 50

Bodin.

Agriculture (Éléments d'), par Bodin. 4e édition. 1 vol. in-18 de 360 pages. 1 75

Bonnier.

De l'assistance publique, par le même. 1 vol. in-8 de 224 p.   3   »

Monographies agricoles, par Bonnier. 1 vol. in-12 de 168 p.   1 25

Statistique agricole et industrielle de l'arrondissement de Valenciennes, par Bonnier, juge de paix, président du Comice agricole de Condé. 1 vol. in-8 de 178 pages. 3 50

Cet ouvrage a été couronné par la Société impériale et centrale d'agriculture de France.

Borie (Victor).

Agriculture au coin du feu, par Victor Borie. 1 vol in-12 de 290 pages..   3   »

Agriculture et liberté, par V. Borie, membre de la Société impériale et centrale d'agriculture de France. 1 vol. in-8 de 189 pages. .   4   »

Animaux de la ferme, par V. Borie (voir p. 17). L'Espèce bovine forme 20 livraisons renfermant chacune 2 ou 3 aquarelles et 16 pages de texte. gr. in-4°, édition de luxe. Prix du volume cartonné.   85   »

Le même ouvrage richement relié.   100   »

Calendrier agricole (LES DOUZE MOIS), par V. Borie. 1 vol. in-8 à 2 colonnes de 380 pages et 95 gravures. 3 50

Gazette du village, fondée par V. Borie, voir page 30.

Question du Pot-au-feu, par Victor Borie. Organisation du commerce des viandes. In-8 de 47 pages . . . . 1 »

Travaux des champs, par V. Borie (Bibl. du Cultiv.). 188 pages et 121 grav. 1 25

BORTIER.

Dessèchement des Moëres, par Cobergher, en 1622. Notice par Bortier. 8 p. in-8, portrait de Cobergher et carte des Moëres. 1 »

BOST.

Table décennale du Correspondant des justices de paix et des tribunaux de simple police, par Bost. 1 vol. in-8 de 184 pages. . . . . 4 »

BRAY (DE).

Question des sucres Résumé des opinions. In-8 25 pages . » 50

BRETON.

Assistance publique (L') et la bienfaisance au dix-neuvième siècle, par F. Breton. 1 vol. in-8 de 160 pages. 2 50

Crédit agricole en France. par Breton. 100 pages in-8. . 1 »

Défrichement (Manuel théorique et pratique du), par Breton. 1 vol. in-8 de 400 pages. . . . . 4 »

Grains (Moyens infaillibles de prévenir la pénurie des) et leur cherté excessive en France, par Breton. In-8 de 32 pages. » 50

BUJAULT (Jacques).

OEuvres de Jacques Bujault. 5e édition. 1 vol. in-8 de 540 pages et 33 gravures. . . . . 6 »

CANCALON.

Histoire de l'agriculture, par Cancalon. 1 volume in-8 de 474 pages. . . . . 6 »

CARPENTIER.

Enseignement agricole (Entretien sur l') en France, par Carpentier. 1 brochure. . . . . » 40

CRISES, etc.

Crises agricoles (Les) dans l'abondance et la pénurie des grains; moyens infaillibles de les prévenir, par l'ancien rapporteur de la Commission du Crédit agricole au Congrès central d'agriculture dans la session de 1847. 1 brochure in-18 de 40 p. 3e édit. . . . . » 50

DESTREMX DE SAINT-CRISTOL.

Agriculture méridionale. Le Gard et l'Ardèche. 1 vol. in-8 de 407 pages. 3 50

DEZEIMERIS.

Conseils aux agriculteurs sur l'art d'exploiter le sol avec profit, par Dezeimeris, ancien député. 3e édit. 1 vol. in-12 de 654 pag. 3 50

DOMBASLE (DE).

Agriculture (Traité d'), par Mathieu de Dombasle. 5 vol. . 30 »

Annales de Roville, par Mathieu de Dombasle. 9 vol. in-8. 61 50

Calendrier du Bon Cultivateur, par Mathieu de Dombasle. 10e édition. 1 vol. in-12 de 872 pages et 5 planches 4 75

Écoles d'arts et métiers, par Mathieu de Dombasle. 1 brochure in-18 de 106 pages . . . . 1 »

Économie politique et agricole, par Math. de Dombasle. 1 vol. in-18 de 194 pages 1 50

Doyère.

Alucite des céréales, ses ravages et moyens de les faire cesser, par Doyère. 110 pages in-4, gravures et 5 planches 5 50

Ensillage, par Doyère, professeur d'histoire naturelle à l'École centrale des arts et manufactures. In-8 de 48 pages . . . . » 75

Dralet.

Taupier (Art du), par Dralet. 16e édition. In-12 de 66 pag. 1 »

Dreuille (De).

Métayage (Du) et des moyens de le remplacer, par le vicomte de Dreuille. 1 vol. in-18 de 104 pages . . . . 1 »

Dugué.

Comptabilité agricole (Notions pratiques de), par Dugué. 1 brochure in-8 de 32 pages 1 25

Durrieux.

Monographie du paysan du département du Gers, par Alcée Durrieux. 1 vol. in-18 de 260 pages 3 50

Emion (V.).

Taxe (La) du pain, par Victor Emion, avec préface par Victor Borie. 1 vol. in-8 de 108 pages . . . . 4 fr.

Enquête.

Agriculture française (Enquête sur l'), par une Réunion de députés. 1 vol. in-8 de 244 pages 2 50

Erath.

Houblon, par Erath, traduit par Nicklès. (Bibl. du Cultiv.). 136 pages et 22 gravures 1 25

Estancelin.

Enquête (L') et la crise agricole, lettre à M. le ministre de l'agriculture ; par Estancelin. 1 brochure in-8 de 32 pages . . . . . 1 »

Falloux (Comte de).

Dix ans d'agriculture. Br. in-8, 47 pages . . . . 1 »

Flaxland.

Enquête agricole (Quelques considérations relatives à l'), dans les départements frontières du Nord-Est, par Flaxland . . . 1 »

Frilet.

Igname de la Chine (Notice sur la pomme de terre et l'), par Frilet. In-8 de 24 pages . . . . » 50

Gasparin (De).

Agriculture (Cours d'), par de Gasparin, membre de l'Académie des sciences, ancien ministre de l'agriculture. 6 vol. in-8 et 233 gr. . . 39 50

Fermage (estimation, plan d'amélioration, baux), par de Gasparın, membre de l'Institut, ancien ministre de l'agriculture (Bibl. du Cultiv.). 3ᵉ édit. 216 pages. 1 25

Métayage (contrat, effets, améliorations), par de Gasparin (Bibl. du Cult.). 2ᵉ édit. 166 pages. 1 25

Safran (Culture du), par de Gasparin. . . . . » 75

GAUCHERON.

Économie agricole (Cours d') et de culture usuelle, par Gaucheron. 2 vol. in-18. . . . . 2 50

GAULTIER.

Trente années d'agriculture pratique, par P. Gaultier. 1 vol. in-12 de 275 pages. 1 25

GIRARDIN (J.).

Agriculture (Mélanges d'), par Girardin. 2 vol. in-12. . . 10

GOURCY (DE).

Voyage agricole en France, Allemagne, Hongrie, Bohême et Belgique, par le comte de Gourcy. 1 vol. in-12 de 432 pages. . . . 3 50

GOUX (J.-B.).

Le sorcier, légende du chantier rural. In-18, 70 pages. . . . 1 »

GRANDEAU (L.) ET SCHLŒSING.

Le tabac, moyens d'améliorer sa culture. 1 vol. in-18. (Bibl. du cultivateur). 1 25

GROUSSEAU (DE).

Comices (Manuel des), par de Grousseau. 1 brochure in-32 de 50 pages. . . . . » 15

GUILLON.

Agriculture provençale (Essai d'un traité d'), par Guillon 2 vol. in-18, ensemble de 300 pages. . . . . 5 »

Agriculture provençale (Vade mecum de l'), par Guillon. 1 vol. in-18, de 136 pages. . . . . 2 »

Catéchisme de l'agriculteur provençal, par Guillon. 1 vol. in-18 de 52 pages. . . . . 1 »

GUSTAVE D.

Hanneton. Ses ravages, moyen de le détruire, par Gustave D. 1 brochure in-8 de 16 pages. . . . . » 75

HEUZÉ.

Agriculture au moyen âge (De l'influence exercée par les croisades sur l'), par Gustave Heuzé, br. in-8 de 23 p. . . » 50

Assolements et systèmes de culture, par Heuzé. 1 vol. in-8 de 536 pages avec nombreuses gravures sur bois. . . . . . . 9 »

Fumures et des étendues de fourrages (Formules des), par G. Heuzé, 72 pages. (Bibl. du Cult.). 1 25

Pavot (Culture du), par Heuzé. 1 vol. in-18 de 44 pages. . » 75

Plantes fourragères, par Heuzé, 3ᵉ édition. 1 vol in-8 de 582 p. avec 42 vignettes sur bois et 20 gravures coloriées. . . . . . 10 »

Plantes industrielles, par Heuzé. 2 vol. in-8 de 896 pages, avec des vignettes sur bois et 20 gravures coloriées. . . . . . . 18 »

JAMET.

Agriculture (Cours d') et chaulages de la Mayenne. 2ᵉ édition, par Jamet, président du comice de Craon, ancien représentant. 400 pages in-12. . . . . 3 50

JOIGNEAUX.

Causeries sur l'agriculture et l'horticulture, par P. Joigneaux. 1 vol. in-18 de 403 pages. 3 50

Champs et prés (Les), par Joigneaux (Bibl. du Cultiv.). 140 pages. 1 25

Choux. Culture et emploi, par Joigneaux (Bibl. du Cultiv.). 1 vol. in-18 de 180 pages et 14 gravures. 1 25

JOUBERT.

Comptabilité agricole (Agenda de), par Joubert In-4. 5 »

Sologne (Agriculture de la), par Ch. Joubert et Isaac Chevalier, cultivateurs. 1 vol. in-8 de 500 pages. . . . . 4 »

KAINDLER.

Coton en Algérie (Culture du), par Adolphe Kaindler. Une brochure in-18. . . . . 1 »

LABOURAGE (à vapeur, etc.).

Labourage (Du) à vapeur et des labours profonds en 1867. Résultats du concours international de Petit-Bourg. 1 vol. de 96 pages in-8 avec 14 gravures. . . . . 5 fr.

LARTET.

Colline de Sansan. Récapitulation des espèces d'animaux vertébrés fossiles trouvés à Sansan, par Lartet. 48 p. in-8 et 1 planche. 1 25

LATERRADE.

Grêle (moyens d'en combattre les effets), par Laterrade. 1 brochure in-8 de 64 pages. 1 25

LAURENÇON.

Traité d'agriculture élémentaire et pratique à l'usage des écoles primaires, par C. Laurençon. 2 vol. in-18 avec nombreuses gravures. 1 50

Chaque volume séparé. 75

LAVELEYE.

Économie rurale (Essai sur l') de la Belgique, par Émile de Laveleye. 1 vol. in-18 de 304 pages. 3 50

LAVERGNE.

Agriculture des terrains pauvres, par Lavergne, ancien représentant du peuple. 1 vol in-18 de 200 pages. . . . . 3 »

LAVERGNE (De).

Agriculture (L') et l'enquête, par L. de Lavergne, brochure de 48 pages. . . . . 1 »

Agriculture et population, par L. de Lavergne, membre de l'Institut. 1 vol. in-8 de 412 pages. 3 50

Économie rurale de la France depuis 1789, par L. de Lavergne, membre de l'Institut. 1 vol. in-12 de 490 pages. . . 3 50

Économie rurale (Essai sur l') de l'Angleterre, de l'Écosse et de l'Irlande, par L. de Lavergne. 3e édit. 1 vol. in-12. . . . . . 3 50

LECOQ.

Plantes fourragères (Traité des), par Henri Lecoq. 2e édition. 1 vol. in-8 de 518 pages et 40 gravures. 7 50

LECOUTEUX (E.).

Agriculture (L') et les élections de 1863. 64 p. in-8. 2 »

Blé (La Question du), par Ed. Lecouteux. Br. de 32 pages.   1 »

Culture améliorante (Principes de la), par E. Lecouteux, ancien directeur des cultures à l'Institut agronomique de Versailles. 3ᵉ édition. 1 vol. in-12 de 400 pages. 7 50

Culture (Traité des entreprises de grande), ou principes d'économie rurale ; par E. Lecouteux. 2 vol. in-8, formant ensemble 1,136 pages. 15 »

LEFEBVRE.

Maladie des pommes de terre. In-8 de 112 pages. . . . 1 50

LEFOUR.

Arithmétique agricole, par Lefour. 1 vol. in-18 de 128 pages ornées de vignettes. (Bibl. des écoles primaires.) . . . .   » 75

Comptabilité et géométrie agricoles, par Lefour (Bibl. du Cultiv.). 214 p. et 104 grav. 1 25

Culture générale et instruments aratoires, par Lefour (Bibl. du Cultiv.). 1 vol. in-18 de 160 pages et 132 gravures. . . .   1 25

Problèmes agricoles (300), par Lefour. 1 brochure in-18 de 36 pages. . . . .   » 50

LE MAOUT.

Le trésor des laboureurs. Adages, maximes et proverbes agricoles. In-18 de 176 pages. 1 50

LÉOUZON.

Enseignement agricole (Réforme de l'), par Louis Léouzon, 1 brochure in-8 de 28 pages. . . . .   1 »

LEPLAY.

Sorgho sucré (Culture du) comme plante industrielle et comme plante fourragère ; par H. Leplay. 36 pages in-8. . . . . . .   1 »

LEROY (A.).

Revue agricole illustrée. Guide du châtelain. In-4 de 148 pages, orné de nombreuses gravures. . . . .   5 »

LIEBIG (DE).

Lettres sur l'agriculture moderne, par le baron Justus de Liebig, traduites par le docteur Théodore Swarts. 1 volume in-18 de 244 pages. 3 50

LOUVEL.

Grains (Conservation des) au moyen du vide, par le docteur Louvel. . . . .   » 75

LULLIN DE CHATEAUVIEUX.

Voyages agronomiques en France, par Lullin de Chateauvieux. 2 vol. in-8, formant ensemble 1034 pages. . . . . 10 »

LURIEU (DE).

Colonies agricoles (Études sur les) de mendiants, jeunes détenus, orphelins et enfants trouvés de Hollande, Suisse, Belgique, France; par de Lurieu et Romand, inspecteurs généraux des établissements de bienfaisance. 1 vol. in-8 de 462 pages. 7 50

MACHARD.

Prairies artificielles (Essai sur les), Luzerne, Trèfle ordinaire, Trèfle printanier, et Sainfoin ou Esparcette, par Machard. In-18.   1 »

MAGNIER.

Avenir de l'agriculture par l'enseignement agricole, par Magnier. 1 brochure. . . . .   » 40

Martinelli.

Comices (Appel aux), par J. Martinelli. 32 pages in-8. . . . » 50

Martres.

Agriculture (L') du département des Landes devant l'enquête, et son amélioration par la culture de la vigne et du pin, par Léon Martres. In-12 de 100 pages et table. . . . . » 75

Masure.

Leçons élémentaires d'agriculture à l'usage des agriculteurs praticiens et destinées à l'enseignement agricole dans les écoles spéciales d'agriculture, dans les écoles normales primaires et dans les écoles communales.

Première partie : Les plantes de grande culture, leur organisation et leur alimentation. 1 vol. in-18 de 330 p. et 32 grav. 3 50

Deuxième partie : Vie aérienne et vie souterraine des plantes agricoles. 1 vol. de 477 pages et 20 figures. 3 50

L'ouvrage complet. . . . . 7 »

Méheust (P.).

Économie rurale de la Bretagne. par P. Méheust. 1 vol. in-18 de 220 pages. 2 50

Économie rurale (Leçons publiques d'), par Méheust. 1 vol. in-18 de 68 pages. . . . . 1 »

Mesnil-Marigny (Du).

Céréales et la douane (Les), par du Mesnil-Marigny. 1 vol. in-18 de 260 pages. . . . . 5 »

Midy.

Nouvelle manière de cultiver et de récolter les betteraves. par F. Midy. 2ᵉ édition. In-8 de 48 pages. . . . . . . 1 »

Moll.

Inondations (Moyens de réparer les ravages des), par Moll, professeur d'agriculture au Conservatoire. 10 pages in-4. » 50

Nivière.

Dombes (La) ou l'Eau et l'Herbe. Conseils aux propriétaires de grandes terres. 1 vol. in-8 de 128 pages et tableaux . . . . 2 »

Papier.

Tabacs en Algérie (Question des), par Papier. In-8 de 88 pages. . . . . 2 »

Paté (J.-B.).

Mes revers et mes succès en agriculture. 1 volume in-8 de 126 pages. . . . . 2 »

Pépin-Lehalleur.

Labourage à vapeur. Concours international de Roanne, rapport du jury. In-8 de 49 pages. . . . . » 50

Perret.

Agriculture (L') et l'Enseignement primaire. In-8 de 23 pages . . . . » 60

Perrin de Grandpré.

Crédit agricole et caisse d'épargne, par Perrin de Grandpré. In-8 de 48 pages. . . . . 1 »

Petit-Laffitte.

Tabac (Culture du), par Petit-Laffitte. 104 pages in-12. . . 2 »

PICHAT ET CASANOVA.

Question agricole en Dombes (Examen de la) par Ch. Pichat et A. M. Casanova. In-8 de 72 pages et tableaux. 1 50

RANCY (EDMOND DE GRANGES DE).

Comptabilité agricole (Traité de), par Ed. de Rancy, 2ᵉ édition. 1 vol. in-8 de 296 pages. . . . . 5 «

REGISTRES.

Registres de comptabilité.
La main de 24 feuilles in-folio avec couverture. . . . . . . 2 »
— in-quarto — 1 25

RÉUNIONS, etc.

Réunions territoriales. création de chemins d'exploitation. Étude sur le morcellement en Lorraine, par F P. 48 pages in-8. » 75

RICHARD.

Conservation des céréales. Détails explicatifs de deux procédés pour la destruction des charançons. In-5 de 56 pages . . . . » 25

RIGAUT.

Statistique agricole du canton de Wissembourg. par Rigaut, juge au tribunal de Wissembourg. 592 pages gr. in-4. . 15 »
Cet ouvrage a été couronné par la Société impériale et centrale d'agriculture et par l'Académie nationale agricole de Paris.

RIONDET.

Agriculture (L' de la France méridionale, ce qu'elle a été, ce qu'elle est, ce qu'elle aurait être, par A Riondet, agriculteur à Hyères. 1 vol. in-18 jésus de 56 pages. 3 50

Olivier (L'), par A Riondet. In-18 jésus de 159 pages. (Bibliothèque du Cultivateur.). 1 25

ROCHUSSEN.

Culture et fécondation artificielles des céréales. système Hooïbrenk, par Rochussen. 1 v. in-8 de 54 pages, avec 3 pl. 1 50

RONDEAU.

Crédit agricole (Projet de). par Rondeau, ancien représentant du peuple. 1 vol. in-18 de 236 pages . . . . 2 »

ROYER.

Allemande (L'Agriculture). ses écoles, son organisation, ses mœurs et ses pratiques ; par Royer, inspecteur général de l'agriculture. 1 vol. grand in-8 de 542 pages. 7 50

Statistique agricole de la France en 1843, par Royer. 1 vol. in-8 de 304 pages. 5 »

SAINT-AIGNAN.

Crise agricole (La). prise de loin et vue de haut, par le comte de Saint-Aignan, membre de la Société impériale d'acclimatation. . . . . 1 »

SAINTOIN-LEROY.

Comptabilité agricole (Cours complet), par Saintoin-Leroy.

1° *Manuel de comptabilité agricole pratique,* en partie simple et en partie double, seconde édition, avec modèle des écritures d'une exploitation rurale pour une année entière. 1 vol. gr. in-8 et tableaux, de 176 p. . . . . 3 »

2° *Comptabilité-matières de l'agriculteur,* Complément du *Manuel de comptabilité agricole pratique,* suivie du *Livre du travail,* et d'une *Méthode abrégée de tenue des livres agricoles en partie simple.* 1 vol. gr. in-8 de 144 pages, avec nombreux tableaux. . . . . 4 »

3° *Comptabilité simplifiée, agricole et commerciale,* mise à la portée de la moyenne et de la petite culture, suivie de la *Comptabilité spéciale des marchands et des artisans,* à l'usage des écoles primaires de garçons et de filles. 1 vol. gr. in-8 et tableaux, de 96 pages. . . . . 2 »

Registres pour la grande et la moyenne culture.

Registre-Mémorial de l'Agriculteur (comptabilité-matières), réunion de tous les tableaux nécessaires à la constatation de tous les faits d'une exploitation rurale. 1 vol. gr. in-4 oblong. . . . . 5 »

Livre de caisse (comptabilité-espèces), registre en tableaux. 1 vol. grand in-4 oblong. 2 50

Journal, registre en blanc réglé et folioté. 1 vol. gr. in-4 oblong. 2 50

Grand-Livre, registre en blanc réglé et folioté. 1 vol. gr. in-4 oblong. . . . 3 »

On peut joindre à ces registres des cahiers quadrillés pour la constatation journalière des travaux de main-d'œuvre, des attelages et de la nourriture du personnel.

1° Cahier quadrillé avec instruction et modèles de tableaux. 1 vol. petit in-4 oblong. . . . . 2 »

2° Cahier simplement quadrillé. 1 vol. petit in-4 oblong. 1 25

Agenda de poche du Cultivateur, petit cahier à joindre à tous les Agendas usuels, de 56 pages, format in-18 ; prix des dix exemplaires. 1 50

Comptabilité de la petite culture à l'aide d'un seul livre dit Mémorial-caisse, à l'usage de l'enseignement élémentaire de la comptabilité agricole dans les écoles primaires. in-4 oblong. 1 25

Registres pour la comptabilité simplifiée.

Registre unique du Cultivateur pour l'application de la Comptabilité simplifiée. 1 vol. petit in-4 oblong, de 100 pages. . . . . 2 »

Le même, moins fort, pour les écoles. . . . . » 60

Livre de caisse des Marchands. 1 vol. petit in-4 oblong. . . . . . . 2 »

Livre de caisse des Artisans. 1 vol. petit in-4 oblong. . . . . 2 »

Chaque volume ou registre se vend séparément.

SCHLŒSING ET GRANDEAU (L.) Voir Grandeau et Schlœsing.

SCHWERZ.

Agriculteur commençant (Manuel de l'), par Schwerz, traduit par Villeroy (Bibl. du Cultiv.). 5e édit. 332 pages. 1 25

SERS (Louis).

Enquête agricole (L') dans le département des Basses-Pyrénées, en 1866, par Louis Sers. 1 vol. in-8 de 93 pages. 2 50

STOCKHARDT.

Ferme (La), Guide du jeune Fermier, par Stockhardt. 2 vol. in-18 formant ensemble 616 pages. 7

THOMAS (Ernest).

Halles et marchés en gros (Manuel des), guide de l'approvisionneur, de l'acheteur et des employés aux divers services de l'alimentation de Paris. 1 vol. in-18 de 316 pages. 3

TRAVANET (Marquis DE).

Mémoires de Cincinnatus Fenouillet, à la poursuite du progrès agricole, ou l'agriculture en roman. 1 vol. in-12 de 345 pages. . . . . 3 »

VIGNERAL (DE).

Agriculture (Manuel populaire d') à l'usage des cultivateurs d'Argentan, par de Vigneral. 92 pages in-8. . . . . 1 25

VILLE.

Maladie des pommes de terre. In-8 de 32 pages. . . . . 1 »

VILMORIN.

Sorgho sucré et igname de Chine, par Vilmorin. 8 pag. » 25

YOUNG (Arthur).

Voyages en France pendant les années 1787, 1788, 1789, par Arthur Young, traduit par Lesage. 2 vol. in-18. 7 »

AMENDEMENTS, ENGRAIS, CHIMIE, PHYSIQUE, MÉTÉOROLOGIE

Annuaire de la Société météorologique de France. Recueil de 400 à 600 pages in-8 ; l'année . . . . 30 »
En vente les années 1852 à 1866.

Bobierre.

Atmosphère (L'), le sol, les engrais, par Bobierre. 1 vol. in-12 de 632 pages. . . . . 5 »
Noir animal (Le). Analyse, emploi, vente, par Bobierre (Bibl. du Cultiv.). 156 p. et 7 grav. 1 25
Voir Moride et Bobierre.

Bortier.

Coquilles animalisées, leur emploi en agriculture, par Bortier. . . . . 1 »

Cartier (J.).

Sels alcalins (De l'emploi des) en agriculture, par J. Cartier, ingénieur civil. 1 vol. in-8 de 133 pages.. . . . . 2 »

Fouquet.

Fumiers de ferme et composts, par Fouquet (Bibl. du Cult.). 2e édit., 176 p. et 19 grav. 1 25

Jauffret.

Nouvelle méthode pour la fabrication économique des engrais, par Pierre-J. Jauffret. 1 br. in-8 de 56 p. et 1 pl. 3 »

Heuzé.

Fumures et des étendues en fourrages (Formules des), par G. Heuzé. 2e édition. 1 brochure in-18 de 60 pages.. . . 1 25
Matières fertilisantes, par Heuzé. 4e édition. 1 vol. in-8 de 708 pages.. . . . . 9 »

Lefour.

Sol et engrais, par Lefour (Bibl. du Cultiv.). 180 p. et 50 gr. 1 25

Marié-Davy.

Météorologie. Les mouvements de l'atmosphère et des mers, considérés au point de vue de la prévision du temps, par le Dr Marié-Davy. 1 vol. grand in-8 avec 24 cartes coloriées et fig. dans le texte. . 10 »

Martin (De).

Engrais alcalins (Des) extraits des eaux de mer. In-8 de 15 pag. » 50

Mémorial.

Mémorial du propriétaire améliorateur. Excellence, emploi et dosage des amendements calcaires. 1 vol. in-12 de 296 pages. 2 50

Masure.

Marne et chaux employées en agriculture (mémoire sur les avantages comparés), par Masure. 1 brochure in-8 de 108 pages. 1 50

Mège-Mouriès.

Fabrication des acides gras propres à la fabrication des bougies et des savons. In-4 de 22 pages. . . . . 1 »

Moride et Bobierre.

Technologie des engrais de l'ouest de la France, par Ed. Moride et Adolphe Bobierre. 1 vol. in-8 de 344 pages. . . . . . 5 »

OKORSKI.

Désinfection des villes. Engrais complet dit engrais atmosphérique ;
par Okorski. 1 brochure in-8, de 24 pages et 3 tableaux.. . . . 1 »

PETIT-LAFFITTE.

Études de terres arables, par Petit-Laffitte. 1 vol. in-18 de 160
pages. 1 50

PIÉRARD.

Chaux (La), son emploi en agriculture, par Piérard, ingénieur en chef
des mines. 36 pages in-12. . . . . » 75

PIERRE.

Chimie agricole, par Isidore Pierre, professeur de chimie à la Faculté de Caen. 4e édition. 1 vol. in-12 de 560 pages et 23 grav. 4 »

**Recherches analytiques sur la valeur comparée de plu-
sieurs des principales variétés de betteraves.** In-8 de
46 pages. . . . . 1 »

PUVIS.

Amendements (Traité des), par Puvis. 1 volume in-18 de
440 pages. 3 50

RENOU.

Instructions météorologiques et Tables usuelles, par
Renou. 188 pages de texte, 112 de tables . . . . 3 »

RONNA (A.).

Phosphates de chaux (Fabrication et emploi des) en Angleterre, par A. Ronna, ingénieur. 1 vol. in-18 de 162 pages. . . 1 »

Utilisation des eaux d'égout en Angleterre, Londres et Paris,
par A. Ronna, ingénieur. 1 vol. in-8 de 132 pages et 5 grandes
planches. . . . . 6 »

SACC.

Chimie agricole (Précis élémentaire de), par le docteur Sacc.
2e édition. 1 vol. in-12 de 454 pages et 3 gravures. 3 50

STOCKHARDT.

**Chimie usuelle appliquée à l'agriculture et à l'indus-
trie,** par Stockhardt, traduite par Brustlein. 1 volume in-18 de 524
pages et 225 gravures. 4 50

VILLE.

Engrais chimiques (Les). Entretiens agricoles donnés au champ
d'expériences de Vincennes dans la saison de 1867, par Georges Ville.
1 vol. in-18 jésus de 300 pages. Gravures et planches 3 50

Recherches expérimentales sur la végétation, par Georges
Ville. Mémoires et mélanges, tome Ier. 1 vol. gr. in-8 de 400 pages
avec 3 planches et gravures. . . . . 15 »

DRAINAGE — IRRIGATION — ÉTANGS — PISCICULTURE

BARRAL.

Drainage des terres arables, par Barral. 2e édition. 2 vol in-12
formant ensemble 960 pages et contenant 443 grav. et 9 pl.. . 7 »

**Irrigations, engrais liquides et améliorations foncières
permanentes,** par Barral. 1 v. in-12 de 790 p. et 120 grav.. 7 50

Législation du drainage, des irrigations et autres améliorations foncières permanentes, par Barral. 1 vol. in-12 de 664 pages . . .   7 50

BENOIT.

Drainage (Système de), par Benoit. In-8, 24 pages et 1 pl.   1 »

DELACROIX.

Drainage (Faits de), débit des terres drainées, position des plans d'eau souterrains, par Delacroix. 84 pages in-18 et 4 gravures.   1 25

DALLOZ.

Irrigations (Code des), suivi des rapports de MM. Dalloz et Passy, et de la législation étrangère, par Bertin, avocat, rédacteur en chef du journal *le Droit.* 1 vol. in-8 de 182 pages. . . . .   3 »

DANILEWSKI.

Coup d'œil sur les pêcheries en Russie, par C. Danilewski. Grand in-8 de 75 pages. 1 50

JEANDEL.

Inondations (Études expérimentales sur les), par Jeandel, ancien élève de l'École forestière. 1 vol. in-8 de 146 pages. . .   2 50

JOIGNEAUX.

Pisciculture et culture des eaux, par Joigneaux. 1 vol. in-18 de 360 pages et 61 gravures. Prix. 3 50

LAMBOT-MIRAVAL.

Montagnes (moyens de les reverdir par l'irrigation et de prévenir les inondations), par Lambot-Miraval. 66 pag.   2 »

LECLERC.

Drainage (Traité pratique de), par Leclerc, ingénieur, chef du service du drainage en Belgique. 1 vol. in-12 de 424 p. 130 gr.   3 50

MARTRES.

Drainage appliqué à l'agriculture des landes, par Martres. 70 p.   1 »

MIDY.

Drainage (Le) et l'irrigation, par Midy. 27 pages in-8. . .   » 50

MONNY DE MORNAY.

Irrigations en Italie et en Allemagne (Législation des), par Monny de Mornay, chef de la division de l'agriculture au ministère de l'agriculture. 1 vol. in-8 de 166 pages. 3 50

MOULS.

Huîtres (Les), par l'abbé L. Mouls, curé d'Arcachon. 1 v. in-18.   1 25

MULLER (A.) ET VILLEROY (F.)

Manuel des irrigations. 2e édition revue et corrigée par les auteurs. 1 vol. in-12 de 263 pages et 123 gravures. 3 50

NIVIÈRE.

Drainage (Moyen d'obtenir du) tout son effet utile, par Nivière, ancien directeur de l'école de la Saulsaie. In-12 de 36 pages. . .   » 75

PELLAULT.

Irrigations. Commentaire de la loi du 29 avril 1843, par Henri Pellault, docteur en droit. In-12 de 374 pages. 3 50

SERS.

Irrigation dans les contrées montagneuses, par Sers. Une brochure in-8 de 24 pages. . . . .   » 75

CONSTRUCTIONS, INSTRUMENTS, ARTS AGRICOLES

Touaillon.

Meunerie (La), la boulangerie, la biscuiterie, la vermicellerie, l'amidonnerie, la féculerie et la décortication des légumineuses, par Charles Touaillon fils, ingénieur, constructeur spécial de moulins, meules, etc. 1 vol. in-18 de 452 pages. . . . .   5 »

ANIMAUX DOMESTIQUES — MÉDECINE VÉTÉRINAIRE

Ayrault.

Industrie (De l') mulassière en Poitou, ou étude de la race chevaline mulassière, de l'âne, du baudet et du mulet, par Eugène Ayrault, vétérinaire. 1 vol. in-12 de 200 pages et 3 planches. . . . .   3 »

Cet ouvrage a obtenu une grande médaille d'or à la Société impériale et centrale d'agriculture de France.

Benion.

Races canines (Les). Origine, transformations, élevage, amélioration, croisement, éducation, utilisation au travail, rage, maladies, taxes, etc., par A. Benion, médecin vétérinaire. 1 vol. in-12 de 260 pages, orné de 12 belles gravures.. . . . .   3 50

Borie (Victor).

Animaux de la ferme, par Victor Borie. — Espèce bovine.

Ce volume, qui est terminé, contient 46 aquarelles dessinées d'après nature, 65 gravures noires intercalées dans le texte et 332 pages de grand in-4 imprimées avec luxe, cartonné. . . . .   85 »
Richement relié.. 100 »

Daignaud.

Race bovine du Limousin (Amélioration de la), par Daignaud. 1 vol. in-18 de 106 pages.. . . . .   1 50

Dampierre (De).

Races bovines, par de Dampierre (Bibl. du Cult.). 2ᵉ édit. 196 pages et 28 gravures.. . . . .   1 25

Delafond.

Typhus de l'espèce bovine, par Delafond, professeur à l'École vétérinaire d'Alfort. 20 pages in-8 et 5 gravures. . . . . . .   » 75

Flaxland (J.-F.).

Études sur l'élevage, l'entretien et l'amélioration de la race bovine en Alsace. 124 p. in-8. . . . .   2 »

Gayot.

Attelage du bœuf et de la vache (Théorie et pratique du meilleur mode d'), par Eug. Gayot. in-8 de 65 pages. . .   1 »

Bétail gras (Le) et les concours d'animaux de boucherie, par Eugène Gayot. 1 vol. in-8 de 204 pages. 3 50

Cheval (Achat du), par Gayot (Bibl. du Cultiv.). 1 vol. de 216 pages et 25 grav..   1 25

Chevaline (La France), par Eug. Gayot, ancien directeur des haras. 1ʳᵉ partie : *Institutions hippiques*, contenant l'histoire de l'administration des haras, étalons approuvés et autorisés, étalons départementaux, primes à la production et à l'élève; courses au trot, au galop; steeplechases. 4 vol. in-8. 26 »

2e partie : *Etudes hippologiques* traitant de toutes les questions de science qui aboutissent à la production et à l'élève des chevaux. Étude physiologique de toutes les races du pays et de leurs transformations. 4 v.   26   »

Lièvres, lapins et léporides, par Eug. Gayot (Bibl. du Cultiv.), 216 p. et 16 grav. 1 25

Mouches et vers, par Eug. Gayot, 1 vol. in-12 de 218 pages, orné de 33 vignettes. 5 50

Poules et œufs, par E. Gayot (Bibl. du Cultiv.). 1 v. de 216 pag.   1 25

Sportsman (Guide du), ou traité de l'entraînement. 1 vol. in-18 de 376 pages avec 12 gravures, par E. Gayot. 4e édition. 3 50

Geoffroy Saint-Hilaire.

Animaux utiles (Acclimatation et domestication des), par I. Geoffroy Saint-Hilaire, président de la Société d'acclimatation. 4e édition. 1 beau vol. in-8 de 534 pages et 47 gravures. . . . .   9 »

Goux.

Race bovine garonnaise, par Goux. 1 vol. in-8 de 80 pages.   1 50

Guyton.

Ferrure de Miles (Exposé analytique de la), par le Dr Guyton. In-8 de 16 pages et 1 pl. . . . .   1 »

Hays (Du).

Cheval percheron, par du Hays (Bibl. du Cultiv.). 1 vol. de 176 pages. 1 25

Merlerault (Le), ses herbages, ses éleveurs, ses chevaux, par Charles du Hays. 1 vol. in-18 de 182 pages. . . . .   3 »

Heuzé (G.).

Porc (Le), par Gustave Heuzé, membre de la Société impériale et centrale d'agriculture de France. 1 volume in-12 de 334 pages avec 56 gravures.   3 50

Jacque (Ch.).

Poulailler (Le), par Ch. Jacque. 2e édit. 1 vol. in-12 et 120 g.   3 50

Juillet.

Chevaline (Emancipation de l'industrie), par Juillet. 1 brochure in-8 de 48 pages. 1 50

Lamoricière (Général de).

Chevaline (De l'espèce) en France, par le général de Lamoricière. 1 vol. in-4 de 312 pages et 3 cartes coloriées. 3 50

Lefour.

Animaux domestiques, par Lefour (Bibl. du Cultiv.). 1 vol. in-18 de 162 pages et 57 grav. 1 25

Cheval, âne et mulet, par Lefour (Bibl. du Cult.). 1 vol. de 180 p. et 141 gravures. 1 25

Mouton (Le), par Lefour, ancien inspecteur général de l'agriculture. 1 vol. in-18 de 390 p. et 76 grav. 3 50

Race flamande, par Lefour. 1 volume in-4 de 216 pages, avec 114 gravures noires et 4 planches coloriées. (Édition de l'Imprimerie impériale.). . . . .   20 »

MAGNE.

Vaches laitières (Choix des), par Magne (Bibl. du Cultiv.). 144 pag. et 39 gravures.. . . . . 1 25

MILLET-ROBINET (Mme).

Basse-cour, pigeons et lapins, par Mme Millet (Bibl. du Cultiv.). 4e édit. 180 pages et 31 gravures. 1 25

PEILLARD.

Fer élastique (Le). Ferrure physiologique, par C. Peillard. 1 vol. in-12 de 130 p. et 30 grav.. . . . . 2 »

RAUCH.

Vétérinaires (Nécessité d'encourager l'établissement des) dans les campagnes. 36 p. in-18, par Rauch.. . . . . . . » 50

SAIVE (DE).

Inoculation du bétail pour prévenir la péripneumonie, par le docteur de Saive. 100 pages in-8. . . . . 2 50

SALLE.

Méthode pratique pour aider à la connaissance rapide de l'âge du cheval, par Salle, vétérinaire militaire. Tableau circulaire mobile, cartonné. . . . . 5 »

SANSON.

Bétail (Économie du), par Sanson. 4 vol. in-18 et plus de 150 grav. Prix de chaque volume. 3 50

1er VOL. — Organisation et fonctions physiologiques, hygiène.

2e VOL. — Principes généraux de la zootechnie.

3e VOL. — Applications : cheval, âne, mulet.

4e VOL. — Applications : bœuf, mouton, chèvre, porc.

Chaque volume se vend séparément.

Maréchalerie (La). Ferrure des animaux domestiques, par Sanson. 1 vol. in-12 de 180 pages, 27 grav. (Bib. du Cult.) 1 25

Médecine vétérinaire (Notions usuelles de), par Sanson (Bibl. du Cultiv.). 1 vol. de 180 pages et 13 gravures 1 25

Moutons (Les), par Sanson. 1 vol. de 180 pages et 56 gravures. 1 25

SEGOUIN.

Lapins (Nouveau traité pratique de l'éducation des diverses espèces de), par Segouin. 58 pages in-12.. . . . . » 50

VERHEYEN.

Médecine vétérinaire (Manuel de), par Verheyen. 2 volumes de 392 pages.. . . . . 2 50

VIAL.

Engraissement du bœuf, par Vial (Bibl. du Cultiv.). 1 vol. in-18 de 180 pages et 12 gravures.. . . . . 1 25

VIAL (A.).

Traité d'hippologie. Connaissance pratique du cheval, par A. Vial. 1 vol. in-8 de 319 pages et 73 gravures. 7 50

VILLEROY.

Bêtes à cornes (Manuel de l'Éleveur de), par Villeroy (Bibl. du Cultiv.). 300 pages et 60 gravures. 1 25

Bêtes à laine (Manuel de l'Éleveur de), par F. Villeroy, cultivateur au Rittershof (Bavière rhénane). 1 v. de 335 p. et 54 gr. 3 50

Chevaux (Manuel de l'éleveur de), par Félix Villeroy. 2 vol. in-8 avec 121 gravures. (Types des principales races.) . . . . 12 »

ARBORICULTURE — HORTICULTURE — BOTANIQUE

Almanach du jardinier, par les rédacteurs de la **Maison rustique.** 192 pages et 55 gravures. . . . . » 50
Une nouvelle édition de cet Almanach est publiée chaque année.

ANDRÉ.

Plantes de terre de bruyère. Rhododendrons, Azalées, Camellias, Bruyères, Ipacris, etc., par Ed. André. 1 vol. in-18 de 388 pages avec 30 gravures. 3 50

BARON.

Arbres fruitiers (Nouveaux principes de la taille des), par Baron. 1 vol. in-8 de 142 pages et 23 gravures. 3 50

BENGY-PUYVALLÉE (DE).

Pêcher (Culture du), par Bengy-Puyvallée. 2e édition. 1 volume in-18. . . . . 3 50

BERLÈSE.

Camellia, par l'abbé Berlèse. 3e édition. Culture et description de 180 variétés nouvelles. 1 vol. in-8 de 340 pages. . . . . 5 »

BONCENNE.

Jardinage pour tous (Traité de), par Boncenne. 2e édition. 1 v. in-12 de 440 pages. 2 50

BON JARDINIER (LE).

Bon Jardinier (Le), par POITEAU, VILMORIN, BAILLY, DECAISNE, NEUMANN, PÉPIN. 1,650 pages in-12. . . . . 7 »
Une nouvelle édition du *Bon Jardinier* est publiée chaque année.
Cet ouvrage a été couronné par la Société impériale d'horticulture.

Bon Jardinier (Gravures du), 22e édit. 1 vol. in-12 de 648 pag. avec 680 grav. et planches. . . . . 7 »

BOSSIN.

Reine-Marguerite et ses variétés, par Bossin. In-12 de 48 p. » 50

BRAVY.

Arbres fruitiers (Culture des), par Bravy. 2e éd. 86 p. in 12. » 75

CARRIÈRE.

Arbre généalogique du groupe pêcher. 1 v. in-8. 104 p. 3 »

Encyclopédie horticole, par E. A. Carrière. In-12 de 558 p. 3 50

Entretiens familiers sur l'horticulture, par Carrière. 1 vol. in-12 de 384 pages. 3 50

Jardinier-multiplicateur (Guide pratique du), ou art de propager les végétaux par semis, boutures, greffes, etc., par E.-A. Carrière. 2e édition. 1 vol. in-18 de 416 pages et 85 gravures. 3 50

Pépinières, par Carrière (Bibl. du Jard.). 148 pages et 30 grav. 1 25

Production et fixation des variétés dans les végétaux, par Carrière. 1 vol. in-8 à 2 colonnes de 72 pages avec 13 gravures sur bois et 2 planches coloriées. 2 50

Céris (De).

Jardins et parcs, par de Céris (Bibl. du Jard.). 1 vol. in-18 avec 60 gravures. 1 25

Decaisne et Naudin.

Manuel de l'amateur de jardins. Traité général d'horticulture. Iʳᵉ PARTIE : Principes de botanique et de physiologie végétale ; — IIᵉ PARTIE : Culture des plantes d'agrément de plein air et d'appartements. Prix de chaque partie. 7 50
L'ouvrage se composera de quatre parties.

Dumas (A.).

Culture maraichère pour le midi de la France, contenant le calendrier horticole par A. Dumas, jardinier-chef. 2ᵉ édition, 1 vol. in-18 de 144 pages. (Bibliothèque du Jardinier.) 1 25

Duvillers.

Parcs et jardins (Les), créés et exécutés par F. Duvillers, architecte paysagiste, paraissant par livraisons de deux planches in-folio avec texte. Prix de chaque livraison. . . . . 5 »

Gaudry.

Arboriculture (Cours pratique d'), par Gaudry. 1 vol. in-12 de 304 pages.. . . . . 2 25

Grin.

Le pincement court ou pincement des feuilles. Méthode de direction des arbres et notamment du pêcher. In-18 de 62 pages. (Bibliothèque du Jardinier.).. . . . . 1 25

Hardy.

Arbres fruitiers (Taille et greffe des), par Hardy. 6ᵉ édition. 1 vol. in-8 et 122 gravures. 5 50

Hérincq.

Plantes, arbres et arbustes (Manuel général des). Description et culture de 25,000 plantes indigènes d'Europe ou cultivées dans les serres, par MM. Hérincq et Jacques, ex-jardiniers en chef du domaine royal de Neuilly, pour les trois premiers volumes, et Duchartre. pour le quatrième volume. — 4 vol. petit in-8 à 2 colonnes. . . . . . 36 »

Huard du Plessis.

Noyer (Le). Traité de sa culture, suivi de la fabrication des huiles de noix, par Huard du Plessis. 2ᵉ édition. 1 vol. in-18 de 175 pages et 45 gravures. (Bibliothèque du Cultivateur.). 1 25

Jacquin.

Melon (Monographie complète du), par Jacquin aîné. 1 vol. in-8 de 200 pages et 33 planches sur acier. Prix. . . . . 5 »

Jamin et Durand.

Catalogue raisonné des arbres fruitiers, cultivés chez Jamin et Durand. 56 pages in-8. . . . . 1 50

Jardins, etc.

Jardins (Traité de la composition et de l'ornementation des). 6ᵉ édition. 2 vol. in-4 oblong avec 168 planches gravées. 25 »

P. Joigneaux.

Conférences sur le jardinage (légumes et fruits). 2ᵉ édit., par Joigneaux (Bibl. du Jard.). 152 pages. 1 25

Le jardin potager, par P. Joigneaux, ouvrage illustré de 95 dessins en couleur, intercalés dans le texte. 1 beau vol. in-18 de 442 pages. . . . . 6 »

LABOURET.

Cactées (Monographie de la famille des), suivie d'un **Traité complet de culture** et d'une table alphabétique de toutes les espèces et variétés, par Labouret. 1 vol. in-12 de 732 pages. . . . 7 50
Cet ouvrage a été couronné par la Société impériale d'horticulture.

LACHAUME.

Pêchers en espaliers (Conduite et taille des), par Lachaume. 1 vol. in-18 de 212 pages et 40 gravures. . . . . 2 »

Poiriers et pommiers (Méthode élémentaire pour tailler et conduire les), par Lachaume. 1 volume in-18 de 285 pages et 49 gravures. 2 50

LAHAYE.

Maladies organiques des arbres fruitiers, des causes et des moyens de les prévenir, par Lahaye. 1 br. in-8 de 44 pages. . . 1 50

LEBOIS.

Chrysanthème (Culture du), par Lebois. 36 pages in-12. . » 75

LECOQ.

Botanique populaire, par Henri Lecoq, professeur à la Faculté des sciences de Clermont-Ferrand. 1 vol in-18 de 408 p. et 215 grav. 3 50

Fécondation naturelle et artificielle des végétaux et hybridation, par Henri Lecoq. 1 vol. in-8 de 428 pages et 106 gravures. 7 50

LE MAOUT.

Flore élémentaire des jardins et des champs, avec des Clefs analytiques conduisant promptement à la détermination des Familles et des Genres, et un Vocabulaire des termes techniques; par Le Maout et Decaisne, de l'Institut, professeur de culture au Jardin des Plantes de Paris. 2 vol. petit in-8 de 940 pages. . . . . 9 »

LEROY (André).

Catalogue de André Leroy (d'Angers). 1 v. in-8 de 140 p. 1 »

LEROY (Louis).

Catalogue général des arbres fruitiers et d'ornement de Louis Leroy (d'Angers). 1 vol. in-8 de 145 pages. . . . . 1 »

LIRON (DE) D'AIROLLES.

Catalogue des arbres à fruits, cultivés dans les pépinières des Chartreux de Paris, en 1775. 1 brochure in-18 de 82 pages, publiée par de Liron d'Airolles. . . . . 2 »

Essais sur la botanique, la physiologie végétale et sur les phénomènes de la végétation, de la reproduction et de l'hybridation, in-8. 2 50

Poiriers (Les) les plus précieux parmi ceux qui peuvent être cultivés à haute tige; par de Liron d'Airolles. 2e édit. 1 vol. in-8 avec pl. 2 »

LOISEL.

Asperge. Culture, par Loisel (Bibl. du Jard.). 2e édition. 108 pages et 8 gravures. 1 25

Melon. Culture, par Loisel (Bibl. du Jard.). 5e édition. 108 pages et 7 gravures. 1 25

Marx-Lepelletier.

Rosier — Violette — Pensée — Primevère — Auricule — Balsamine — Pétunia — Pivoine, par Marx-Lepelletier (Bibl. du Jard.). 108 pages. 1 25

Menet.

Arboriculture (Traité élémentaire et pratique d'), par Menet. 1 vol. in-8 de 78 pages et 17 planches. 2 50

Morel.

Orchidées (Culture des). Instructions sur leur récolte, expédition et mise en végétation, et liste descriptive de 550 espèces et variétés, par Morel, vice-président de la Société impériale d'horticulture. 1 v. 5 »

Naudin.

Potager (Le), jardin du cultivateur, par Naudin (Bibl. du Jardinier). 187 pages, 51 gravures. 1 25

Serres et orangeries de plein air, par Ch. Naudin. 32 pages in-8. . . . . » 75

Neumann.

Serres (Art de construire et de gouverner les), par Neumann; 1 volume in-4 oblong, renfermant 83 planches. . . . . 7 »

Noisette.

Jardinier (Manuel complet du), par Louis Noisette. 4 vol. in-8 et un supplément formant ensemble 2170 pages et 25 planches. 25 »

Pirolle.

Dahlia, par Pirolle (Bibl. du Jard.). 1 vol. in-18 de 148 pages. 1 25

Ponsort (De).

Pensée (Culture de la), par le baron de Ponsort (Bibl. du Jard.). 1 volume de 108 pages. 1 25

Préclaire.

Arboriculture (Traité théorique et pratique d'), par Préclaire. 1 vol. in-8 de 178 pages et 1 atlas in-4 de 15 planches. . 5 »

Puvis.

Arbres fruitiers. Taille et mise à fruit, par Puvis. (Bibl. du Jard.) 2ᵉ édit. 167 pages. 1 25

Puydt (De).

Plantes de serre froide, par de Puydt (Bibl. du Jard.). 157 pages et 15 gravures. 1 25

Rafarin.

Serres (Chauffage des), par Rafarin. 1 vol. in-8, 26 grav. 5 50

Raoul.

Arboriculture (Manuel pratique d'), par l'abbé Raoul. 1 vol. in-18 de 264 pages et 10 gravures. 2 50

Rémy.

Champignons et truffes, par Jules Rémy. 1 vol. in-18 de 172 pages et 12 planches coloriées. 3 50

Jardinier des fenêtres (Le), des appartements et des petits jardins, par J. Rémy. 1 v. in-18 de 280 pages et 40 gravures. 4ᵉ édition 3 50

Riondet.

Olivier (L'), par A. Riondet, agriculteur à Hyères, in-18 jésus, de 159 pages. (Bibliothèque du Cultivateur). 1 25

Robaux.

Indicateur horticole à l'usage des amateurs et des jardiniers, par Robaux. 1 brochure in-8. . . . . 1 »

Thibaut.

Pelargonium, par Thibaut (Bibliothèque du Jardinier). 2ᵉ édit. 108 p. et 10 gr. 1 25

VIGNE — BOISSONS — DISTILLATION — SUCRE

Carrière.

Vigne (La), par Carrière. 1 vol. in-18 de 396 p. et 121 grav.   3 50

Clément Prieur.

Étude sur la viticulture et sur la vinification dans le département de la Charente. In-8 de 163 pages. . .   2 »

Collignon d'Ancy.

Vigne. Nouveau mode de culture et d'échalassement; par Collignon d'Ancy. 1 vol. in-8 de 200 pages et 3 planches. . . . .   3 »

Garnier.

Vigne (Théorie pour l'amélioration de la culture de la), par Garnier. 1 vol. in-8 de 192 pages. . . . .   2 »

Guérin-Menneville.

Maladie des vignes (La). Br. in-12 de 35 pages. . . . . .   » 50

Guyot (Jules).

Vigne (Culture de la) et vinification, par le Dʳ Jules Guyot. 2ᵉ édition. 1 volume in-12 de 426 pages et 30 gravures. . . .   3 50

Viticulture dans la Charente-Inférieure, par le docteur Guyot. 1 volume in-8 de 60 pages. 2 50

Viticulture dans l'est de la France, par le docteur Guyot. 1 volume in-18 de 204 pages et 46 gravures. 3 50

Viticulture du sud-ouest de la France, par le docteur Guyot. 1 volume in-8 de 248 pages et 89 gravures. 4 50

Heuzé.

Vignes malades (Traitement des). rapport adressé au ministre de l'intérieur par Gustave Heuzé. In-8 de 72 pages . . . .   1 »

Jobard-Bussy.

Vigne (Perfectionnement de la plantation de la), par Jobard-Bussy. 1 volume in-8 de 102 pages et 1 planche. 1 50

Laliman.

Vigne (Taille de la) à cordons, vignes et vins étrangers, par Laliman. 1 brochure in-8 de 52 pages. 1 25

Le Canu.

Étude sur les raisins, leurs produits et la vinification, in-8 de 31 pages. . . . . 1 »

Leusse (De).

Distillation agricole de la pomme de terre, des topinambours, etc., etc., par le comte de Leusse. 1 vol. in-18 de 154 pages. . . . . 2 »

Machard.

Vins (Traité pratique sur les), par Machard. 4e édition. 1 vol. in-18 de 359 pages. 5 50

Martin (De).

Appareils vinicoles (Les) en usage dans le midi de la France. In-8 de 118 pages. . . . . 2 »

Michaux (A.).

Échalas (Plus d'). Échalas, paisseaux et lattes remplacés par des lignes de fil de fer mobiles, par A. Michaux, de l'Institut. 18 pages et 1 planche. . . . . » 40

Odart.

Ampélographie universelle, ou Traité des cépages les plus estimés, par le comte Odart. 5e édit. 1 vol. in-8 de 650 pages. . 7 50

Vigneron (Manuel du), par le comte Odart. 3e édition. 1 vol. in-12 de 360 pages. 4 50

Robinet (fils).

Vins (Manuel pratique et élémentaire d'analyse des), par Éd. Robinet fils. 1 vol. in-8 de 136 pages et 2 planches. . 3 »

Seillan.

Vins du Gers, par Seillan. 11 pages in-4 et 1 carte. . . . . 1 »

Terrel des Chênes.

Vins (Pourquoi nos) dégénèrent, par Terrel des Chênes. 1 brochure in-8 de 48 pages. . . . . 1 »

Vergne (De la).

Soufrage de la vigne (Instruction pratique sur le), par de la Vergne. 1 vol. in-18 de 82 pages et 1 planche. 1 50

Vergnette-Lamotte.

Vin (Le), par de Vergnette-Lamotte, correspondant de l'Institut. 1 vol. in-18 de 384 pages avec 3 planches en couleur et 29 gr. noires. 3 50

Vignial.

Vigne (Hygiène de la), par Vignial. Moyen de lui rendre la santé sans le secours d'aucun remède. Une brochure in-8 de 39 pages et 4 planches, 2e édition. . . . . 2 »

Winckler.

Revue synoptique des principaux vignobles de l'univers. In-folio de 32 pages ou tableaux. . . . . 3 »

ABEILLES — MURIERS — SOIE — VERS A SOIE

Bastian (F.)

Abeilles (Les). Traité d'apiculture rationnelle et pratique, par F. Bastian. 1 vol. in-18 orné de 49 gravures. 5 50

Blain.

Ver à soie du chêne (Notice pratique pour servir à l'éducation du). par Blain. 1 brochure in-18 de 20 pages. »   »   »

Boullenois (De).

Vers à soie (Conseils aux nouveaux éducateurs de), par de Boullenois. 2e édit. 1 vol. in-8 de 224 pages et 2 planches. 3 50

Boyer et Labaume.

Mûrier (Culture du), par Boyer et Labaume. 150 p., 5 pl. . 3 »

Chabod.

Magnanerie (La petite). ou Manuel de l'éducation pratique et raisonnée des vers à soie, par Chabod fils. 1 br. in-18 de 48 p. . . 1 25

Charrel.

Mûrier (Manuel du cultivateur de). par Charrel, pépiniériste, commissaire-instructeur à la culture du mûrier, désigné par la Société d'agriculture de Grenoble. 1 vol. in-8 de 268 pages. 1 75

Chavannes (De).

Mûrier. Manière de cultiver le mûrier avec succès dans le centre de la France, par de Chavannes. 1 vol. in-8 de 130 pages. 1 25

Debeauvoys.

Apiculteur (Guide de l'). par Debeauvoys. 6e édition. 1 vol. in-12 de 340 pages, avec figures. 2 50

Duseigneur.

Cocons et graines d'Italie, par Duseigneur. 16 pag. in-8. 1 »

Girard (Maurice).

Entomologie appliquée. Les insectes utiles (vers à soie et abeilles) et les insectes nuisibles, par Maurice Girard, président de la Société entomologique de France. in-8 de 39 pages. 1 50

Givelet.

Ailante et son bombyx (L'). Culture de l'ailante, éducation du ver que cet arbre nourrit, valeur et emploi de la soie qu'on en tire, par Henri Givelet. Ouvrage orné de plusieurs plans et de 14 planches coloriées. . . . . 5 »

Guérin-Menneville.

Muscardine, par Guérin-Menneville. In-8 de 186 pages. . . .

Lefèvre (Em.).
Abeilles à propos de la ruche Krug (Les), par Émile Lefèvre. 1 vol. in-13 de 72 pages. . . . . » 75

Masquard (Eug. de).
**Maladies des vers à soie (Les). Causes, nature et moyens
de les prévenir**, par M. Eugène de Masquard. 1 vol. in-8 d'environ
300 pages. L'ouvrage se compose de 5 parties. 1re partie, historique.
2e partie, théorie. 5e partie, pratique. Prix de l'ouvrage complet. 5 50
En vente : 1re partie et documents. 1 75

Personnat.
Ver à soie du chêne (Conférence sur le), (Bombyx Yama-maï);
par Camille Personnat, donnée au Palais de l'Industrie de Paris, le 28
août 1865. 1 »

**Ver à soie du chêne (Le) à l'Exposition universelle de
1867.** Insectes utiles vivants. Br. in-8 avec grav. . . . . . . 1 »

Ver à soie du chêne (Le), bombyx Yama-maï, son histoire, son acclimatation, son éducation, ses produits, par Camille Personnat. 4e éd.,
1 vol. in-8 avec 5 planches coloriées. . . . . 5 »

Roux.
Vers à soie (Les). par J.-F. Roux. 1 vol. in-12 de 245 pages. 1 25

Sagot.
Petit traité spécial de la culture des abeilles avec l'aumô-
nière ruche à cadres et greniers mobiles, par l'abbé Sagot. In-18, fig. 1 »

Société séricicole.
Société séricicole (Annales de la). pour la propagation et l'a-
mélioration de l'industrie de la soie. 15 vol. grand in-8 et 15 planches.
La collection complète. . . . . 175 »

BOIS — FORÊTS — CHARBON

Arbois de Jubainville (D').
Assolements forestiers (Utilité des), par d'Arbois de Jubainville. 1 brochure in-8 de 48 pages . . . . 2 »

Balivage (Règlement du) dans une forêt particulière, par d'Arbois de Jubainville. 1 brochure in-8 de 64 pages. . . . . . . 2 »

Défrichement des forêts (Manuel du). par d'Arbois de Jubainville. 1 vol. in-8 de 184 pages. 4 50

Taillis sous futaie (Recherches sur les). par d'Arbois de Jubainville. In-8 de 57 pages et 2 pl. . . . . 2 »

Vente des forêts de l'État (Observations sur la), par d'Arbois de Jubainville. Br. in-8. . . . . » 50

Burger.
Chêne de marine (Principes de culture du), par Burger.
1 brochure in-8 de 64 pages. 1 50

Clavé.
Économie forestière (Études sur l'), par Jules Clavé. 1 vol.
in-18 de 380 pages. 3 50

Courval (De).

Arbres forestiers (Conduite et taille des), par 'e vicomte de Courval. 1 brochure in-8 de 110 pages et 15 planches. . . . . . 5 »

Dubois

Charrue forestière, travaux de reboisement exécutés dans le Bléscis, par Dubois. 1 brochure in-8 de 84 p. . 2 »

Futaies de chêne (Considérations culturales sur les), par Dubois. 1 brochure in-8 de 42 pages. 1 50

Grandvaux.

Reboisement des montagnes de France, par Grandvaux. 1 volume in-8 de 50 pages. . . . . » 75

Gurnaud.

Bois de l'État et la dette publique (Les), par Gurnaud. 1 brochure de 16 pages. . . . . » 75

Forêts de l'État (Conserver les) et réaliser le matériel surabondant, par Gurnaud. 1 brochure in-8 de 64 pages. . . . . . . 2 »

Forêts (Mémoire sur la gestion des), par Gurnaud. 1 brochure in-8 de 32 pages. 1 50

Joubert.

Reboisement de la France (Du), par Joubert. In-8.. . 1 50

Lyon.

Éléments de procédure correctionnelle à l'usage des agents forestiers. In-8 de 27 pages. . . . . 1 »

Moitrier.

Osier (Culture de l'), et art du vannier, par Moitrier. 2e édition. 60 pages et 3 planches. 2 50

Nanquette.

Cours d'aménagement des forêts, professé à l'École impériale forestière, par H. Nanquette. 1 volume in-8 de 327 pages. . . 6 »

Ribbe (De).

Provence (La), au point de vue du bois, des torrents et des inondations ; par de Ribbe. 1 vol. in-8 de 200 pages. . . . . 3 »

Rousset.

Études de maître Pierre sur l'agriculture et les forêts, par Antonin Rousset. 1 volume in-18 de 92 pages. . . . . . . 1 »

Samanos.

Pin maritime (Culture du), par Eloi Samanos. 1 volume in-8 de 150 pages et 4 planches. . . . . 3 »

Thomas.

Bois (Traité général de la culture et de l'exploitation des), par Thomas. 2 volumes in-8. . . . . 10 »

ÉCONOMIE DOMESTIQUE — CUISINE

Bréviaire des gastronomes. Aide-mémoire pour ordonner les repas. 1 volume in-16 cartonné de 186 p. . . . . 2 »

Cuisinière de la campagne et de la ville (La), par L. E. A. 1 volume in-12 avec figures. 42ᵉ édition. . . . . 3 »

Delamarre.

Vie à bon marché (La), par Delamarre, député de la Somme. Le pain, la viande, les transports. 2ᵉ édit. 1 vol. in-12 de 708 p.. 2 50

Emion (V.).

Taxe (La) du pain, par Victor Emion, avec préface par Borie. 1 vol. in-8 de 108 pages. . . . . 4 fr.

Leclerc.

Caisse d'épargne et de prévoyance. Lettres à un jeune laboureur par Louis Leclerc. 3ᵉ édition. In-12 de 60 pages. . . . . » 25

Martin (De).

Fromages (Études sur la fabrication des), fermentation caséique. Grand in-8 de 60 pages. 1 50

Michaux (Mᵐᵉ).

La cuisine de la ferme par Mᵐᵉ Marceline Michaux. 1 vol. in-18 de 180 pages. (Bibliothèque du Cultivateur.) 1 25

Millet-Robinet (Mᵐᵉ).

Bon domestique (Le), par Mᵐᵉ Millet-Robinet. 1 volume in-12 de 204 pages. . . . . 2 »

Conseils aux jeunes femmes, par Mᵐᵉ Millet-Robinet. 1 vol. in-18 de 284 pages et 30 gravures 3 50

Économie domestique, par Mᵐᵉ Millet-Robinet. (Bibl. du Cultiv.). 3ᵉ édition. 245 pages et 78 gravures. 1 25

Maison rustique des dames, par Mᵐᵉ Millet-Robinet. 2 volumes in-12 avec 250 gravures, 6ᵉ édition. 7 75

Cet ouvrage est divisé en quatre parties :

TENUE DU MÉNAGE	MÉDECINE DOMESTIQUE
Travaux. — Repas. — Comptabilité — Dépenses. — Mobilier. — Linge. — Conserves — Blanchissage.	Pharmacie. — Hygiène. — Maladies des enfants. — Médecine et Chirurgie. — Empoisonnement. — Asphyxie.
CUISINE	JARDIN — FERME
Potages. — Sauces. — Viandes. — Poissons. — Gibier. — Légumes. — Fruits — Purées. — Entremets. — Desserts. — Bonbons.	Jardins, Potagers, Fruitiers, Fleurs, etc. Ferme, Travaux des champs. — Basse-cour, Vacherie, Laiterie. — Bergerie, Porcherie.

Squillier.

Denrées alimentaires (Traité populaire des) et de l'alimentation. 1 vol. in-12 de 432 pages. . . . . 3 »

Thomas.

Manuel des halles et marchés en gros. Guide de l'approvisionneur, de l'acheteur et des employés aux divers services de l'alimentation de Paris, par Ernest Thomas. 1 vol. in-12 de 316 pages. 3 »

Vacca (E.).

Fromages dits de géromé (Fabrication des), par E. Vacca, professeur de chimie. Brochure in-8. . . . . » 50

Villeroy.

Laiterie, beurre et fromages, par Villeroy. 1 volume in-18 de 390 pages et 59 gravures. 3 50

JOURNAUX — PUBLICATIONS PÉRIODIQUES

GAZETTE DU VILLAGE

Fondée par VICTOR BORIE

PARAISSANT TOUS LES DIMANCHES

Prix d'abonnement, rendu *franco* à domicile : un an.. . 6 fr.

—   —   six mois.. 3 fr. 50

10 centimes le numéro

Ce journal, contenant 8 pages à deux colonnes, format des journaux littéraires illustrés, public, chaque semaine, des articles ayant pour bu: de mettre à la portée de toutes les intelligences les notions élémentaires d'économie rurale, les meilleures méthodes de culture, les inventions nouvelles ; de faire connaître les principales industries et les procédés employés par elles ; de populariser les voyages entrepris dans des contrées lointaines ; de raconter la vie des hommes utiles à l'humanité, et de tenir enfin les lecteurs au courant de tout ce qui se passe d'intéressant dans le monde industriel et agricole.

Il donne, en outre, un grand nombre de faits, recettes, procédés divers utiles aux cultivateurs et aux ouvriers.

Une partie du journal, consacrée aux *lectures du soir*, contient un roman choisi avec la sollicitude la plus scrupuleuse.

Instruire et moraliser sans ennui, tel est le programme de la *Gazette du village*.

En vente :
1re année 1864.............	4	»
2o — 1865.............	4	»
3e — 1866.............	4	»
4e — 1867.............	4	»

On s'abonne à Paris, rue Jacob, 26, en envoyant un mandat de SIX francs sur la poste. (Les frais de ce mandat ne sont que de 6 centimes.)

40ᵉ ANNÉE — 1868

REVUE HORTICOLE

JOURNAL D'HORTICULTURE PRATIQUE

FONDÉE EN 1829 ... DE AUTEURS DU BON JARDINIER

Rédacteur en chef : F. CARRIÈRE

Chef des pépinières au Muséum d'histoire naturelle

PRINCIPAUX COLLABORATEURS :

D'Airolles, André, Bailly, Baltet, Boncenne, Bossin, Bouscasse, Carbou, Chabert, Chauvelot, Denis, de la Roy, Doumet, du Breuil, Durupt, Ermens, Gagnaire, Glady, Gloede, Groenland, Guillier, Hardy, Houllet, Kolb, Lachaume, de Lambertye, Lecoq, Lemaire, André Leroy, Martins, de Mortillet, Naudin, Neumann, d'Ornous, Pépin, Quetier, Rafarin, Robine, Sisley, Verlot, Vilmorin, etc.

PRIX DE L'ABONNEMENT POUR LA FRANCE ET L'ALGÉRIE

Un an (janvier à décembre) : 20 fr.

La **Revue horticole** est envoyée *franco* contre le payement du montant de l'abonnement, d'une des trois façons suivantes :

Envoi d'un mandat sur la poste	Envoi en timbres-poste	Envoi de l'autorisation à MM. les Administrateurs de faire traite
Un an. . . 20 »	Un an. . . 20 30	Un an . . . 20 30
Six mois. . . 10 50	Six mois. . . 10 50	Six mois. . . 11 40

Adresser les mandats de poste, timbres-poste, autorisations de traite, à MM. Bixio et Cᵉ, 26, rue Jacob, à Paris

PRIX DE L'ABONNEMENT D'UN AN POUR L'ÉTRANGER

Franco jusqu'à destination.		*Franco jusqu'à leur frontière.*	
Italie, Belgique et Suisse. . . .	20 fr.	Grèce..	23 fr.
Angleterre, Egypte, Espagne, Pays-Bas, Turquie, Allemagne, Autriche.	23	Suède..	23
		Pologne, Russie.	23
Colonies françaises, Montevideo, Uruguay.	25	Buenos Ayres, Canada, Colonies anglaises et espagnoles, Etats-Unis, Mexique.	25
Etats-Pontificaux..	24		
Brésil, Iles ioniennes, Moldo-Valachie..	23	Bolivie, Chili, Nouvelle-Grenade, Pérou, Java.	29
Portugal.	24		

N. B. — La *Librairie agricole* envoie un numéro spécimen de la *Revue horticole* à toute personne qui lui en fait la demande.

— 32 —

32ᵉ ANNÉE — 1868

JOURNAL
D'AGRICULTURE PRATIQUE

MONITEUR DES COMICES, DES PROPRIÉTAIRES ET DES FERMIERS

(Seconde partie de la *Maison rustique du dix-neuvième siècle*)

Fondé en 1837 par Alexandre Bixio

Rédacteur en chef : E. LECOUTEUX
Propriétaire-Agriculteur
MEMBRE DE LA SOCIÉTÉ IMPÉRIALE ET CENTRALE D'AGRICULTURE DE FRANCE

Secrétaire de la rédaction : M. A. de CÉRIS
Gérant responsable : M. Maurice BIXIO

PRINCIPAUX COLLABORATEURS :

**MM. Boussingault, Brongniart, Combes, H. Deville,
Duchartre, Dumas, Michel Chevalier, Naudin, Payen, Wolowski, etc.,**
Membres de l'Institut,

**MM. Amédée Durand, Béhague (de) Bella, Borie,
Bouchardat, Dampierre, Gayot, Guérin-Menneville, Heuzé,
Kergorlay (de), Magne, Moll, Monny de Mornay (de)
Nadault de Buffon, Reynal, Robinet, Vibraye (de), Vogué (de), etc.,**
Membres de la Société impériale et centrale d'agriculture,

Et un nombre considérable d'agriculteurs, de savants, d'économistes,
d'agronomes de toute les parties de la France et de l'étranger.

Ce journal est autorisé à traiter les matières d'économie politique et sociale. Il paraît toutes
les semaines par livraison de 40 pages in-8

FORMANT CHAQUE ANNÉE
DEUX BEAUX VOLUMES ENSEMBLE DE 1,700 PAGES
Avec de belles gravures noires dans le texte

PRIX DE L'ABONNEMENT POUR LA FRANCE ET L'ALGÉRIE

Le **Journal d'agriculture pratique** est envoyé *franco* contre le payement du montant de l'abonnement d'une des trois façons suivantes :

Envoi d'un mandat sur la poste	Envoi en timbres-poste	Envoi de l'autorisation à MM. les Administrateurs de faire traite
Un an. . . . 20 »	Un an. . . . 20 30	Un an. . . . 20 90
Six mois. . . . 10 30	Six mois. . . 10 90	Six mois. . . . 11 40

Adresser les mandats de poste, timbres-poste, autorisations de traite, à MM. Bixio et Cⁱᵉ, 26, rue Jacob, à Paris.

PRIX DE L'ABONNEMENT D'UN AN POUR L'ÉTRANGER

Franco jusqu'à destination.	*Franco jusqu'à leur frontière.*
Italie, — Belgique et Suisse. . 20 fr.	Grèce, — Suède.. . . . . 28 fr.
Angleterre, — Egypte. — Espagne, — Pays-Bas, — Turquie. 23	Pologne, — Russie. 32
Allemagne, — Autriche, — Portugal. 27	Buenos Ayres, — Canada, — Colonies anglaises et espagnoles, — Etats-Unis, — Mexique. .
Colonies françaises, — Montevideo, — Uruguay. 30	Bolivie, — Chili, — Nouvelle-Grenade, — Pérou, — Java. . 35
Etats-Pontificaux. 28	
Brésil, — Iles Ioniennes, — Moldo-Valachie. 35	

N. B. L'administration envoie un numéro spécimen du *Journal d'agriculture pratique* à toute personne qui lui en fait la demande.

1ʳᵉ année 1868

LES
NOUVELLES MÉTÉOROLOGIQUES

PUBLIÉES SOUS LES AUSPICES

DE LA SOCIÉTÉ MÉTÉOROLOGIQUE DE FRANCE

COMMISSION DE RÉDACTION :

**MM. Ch. SAINTE-CLAIRE-DEVILLE, président.
MARIÉ-DAVY, secrétaire.
RENOU, LEMOINE, SONREL.**

Les Nouvelles météorologiques paraissent le 1ᵉʳ de chaque mois par livraisons de 32 pages.

PRIX DE L'ABONNEMENT POUR LA FRANCE ET L'ALGÉRIE :

Un an : 15 fr.

PRIX DE L'ABONNEMENT D'UN AN POUR L'ÉTRANGER :

Les frais de poste en sus de 15 fr.

On s'abonne à Paris, à la Librairie agricole, rue Jacob, 26, en envoyant un mandat de poste de 15 francs pour la France et les colonies, et les frais de poste en sus pour l'étranger.

ENSEIGNEMENT PRIMAIRE AGRICOLE

BIBLIOTHÈQUE AGRICOLE DES ÉCOLES PRIMAIRES
à 75 centimes le volume

BONCENNE.

Horticulture (Cours élémentaire d'), par Boncenne. 2 vol. in-18, formant ensemble 312 pages avec 85 grav. 1 50
Chacun de ces volumes est vendu séparément. . . . . » 75

BORIE (V.)

Jeudis de M. Dulaurier (Les), par Victor Borie. 2 vol. in-18 de chacun 126 pages et 40 gravures. 1 50
Chaque volume séparé. . . . . » 75

J. CHALOT.

Devoirs de l'homme envers les animaux, par J. Chalot, instituteur. 1 vol. in-16 de 128 pages. 75

DOUAY (EDM.)

Grammaire française raisonnée, avec exemples agricoles par Edm. Douay. 1 vol. in-18 de 128 pages. . . . . » 75

Alphabet et syllabaire par Edm. Douay. 1 vol. in-16, orné de vignettes . . . . » 75

HEUZÉ (G.).

Lectures et dictées d'agriculture, revues et annotées par Gustave Heuzé. 1 vol. in-18 de 128 pages. . . . . » 75

LAURENÇON (C.)

Traité d'agriculture élémentaire et pratique, par C. Laurençon. 2 vol. in-18 avec figures. 1 50

LEFOUR.

Arithmétique agricole, par Lefour. 1 vol. in-16 de 128 pages, ornées de vignettes . . . . » 75

———

DUCOUDRAY (G.).

Histoire de France. Simples récits à l'usage des classes élémentaires des lycées, de l'enseignement secondaire spécial, des écoles primaires supérieures, par G. Ducoudray. 1 vol. in-18 de 184 pages, avec 36 gravures coloriées hors texte. 1 50
Cet ouvrage a été admis par la commission des bibliothèques scolaires.
Le même ouvrage, cartonné. 1 75
—   —   toile rouge. . . . . 2 »

BIBLIOTHÈQUE DU CULTIVATEUR
Publiée avec le concours du Ministre de l'agriculture
33 volumes in-18, à 1 fr. 25 le volume

Agriculteur commençant (Manuel de l'), par Schwerz, traduit par Villeroy. 5e édit., 332 pages.. . . . . 1 25

Animaux domestiques, par Lefour. 1 vol. in-18 de 162 pages et 57 gravures.. 1 25

Basse-cour, pigeons et lapins, par Mme Millet-Robinet, 5e édit., 180 p., 31 gravures. 1 25

Bêtes à cornes (Manuel de l'éleveur de), par Villeroy. 300 pages et 60 gravures. 1 25

Champs et prés (Les), par Joigneaux, 140 pages. 1 25

Cheval (Achat du), par Gayot. 1 vol. de 180 pages et 25 grav. 1 25

Cheval, âne et mulet, par Lefour. 1 vol. de 176 p. 192 gr. 1 25

Cheval percheron, par du Hays. 176 pages. 1 25

Choux (culture et emploi), par Joigneaux. 1 vol. in-18 de 180 pages et 14 gravures. 1 25

Comptabilité et géométrie agricoles, par Lefour. 214 pages et 104 gravures.. 1 25

Constructions et mécaniques agricoles, par Lefour, 216 pages et 151 gravures. 1 25

Cuisine (La) **de la ferme**, par Mme Michaux. 180 pages. . 1 25

Culture générale et instruments aratoires, par Lefour. 1 vol. in-18 de 160 pages et 152 gravures. 1 25

Économie domestique, par Mme Millet-Robinet. 3e édit., 245 pages et 78 gravures.. . . . . 1 25

Engraissement du bœuf, p. Vial. 1 v. in-18 de 100 p. et 12 g. 1 25

Fermage (estimation, plan d'amélioration, baux), par de Gasparin, membre de l'Institut, anc. ministre de l'agriculture. 3e éd. 216 p. 1 25

Fumiers de ferme et composts, par Fouquet. 2e éd. 176 pages et 19 gravures. 1 25

Fumures et des étendues de fourrages (Les formules des), par Gustave Heuzé 2e édition, 72 pages. 1 25

Houblon, par Erath, traduit par Nicklès. 136 pages et 22 grav. 1 25

Lièvres, lapins et léporides, par Eug. Gayot. 216 p., 15 g. 1 25

Maréchalerie ou **Ferrure des animaux domestiques**, par Sanson. 1 vol. de 180 pages et 27 grav. 1 25

Médecine vétérinaire (Notions usuelles de), par Sanson. 1 vol. de 180 pages.. 1 25

Métayage, par de Gasparin. 2e édition. 162 pages. . . . 1 25

Moutons (Les), par A. Sanson, 1 vol. in-18 de 180 p. et 56 gr. 1 25

Noir animal (Le). par Bobierre. 156 pages et 7 gravures.. 1 25

Noyer (La), sa culture, par Huard du Plessis. 2 édit. 1 vol. in-18 de 175 pages et 45 gravures.. . . . . 1 25

Olivier (L'), par Riondet. 1 vol. de 139 pages. 1 25

Poules et œufs, par E. Gayot. 1 vol. de 208 pages et 55 gr. 1 25

Races bovines, par Dampierre. 2e édit. 196 pages et 28 gr. 1 25

Sol et engrais, par Lefour. 180 pages et 54 gravures . . . 1 25

Tabac (Le), moyens d'améliorer sa culture, par Schlœsing et Grandeau. 1 vol.. 1 25

Travaux des champs, par Victor Borie. 188 p. et 121 gr. 1 25

Vaches laitières (Choix des), par Magne. 144 p. et 39 gr. . 1 25

BIBLIOTHÈQUE DU JARDINIER

Publiée avec le concours du Ministre de l'agriculture

14 volumes in-18 à fr. 25 le volume

Arbres fruitiers. Taille et mise à fruit, par Puvis. 2ᵉ édition. 167 pages. 1 25

Asperge. Culture, par Loisel. 2ᵉ édit. 108 p. et 6 grav. . . . 25

Conférences sur le jardinage (légumes et fruits) 2ᵉ édition, par Joigneaux. 152 pages. 1 25

Culture maraîchère pour le midi de la France, par A. Dumas. 2ᵉ édition. 144 pages. 1 25

Dahlia, par Pirolle. 1 vol. in-18 de 148 pages. 1 25

Jardins et parcs, par de Céris. 1 vol. in-18 avec 30 grav. . 1 25

Melon. Culture, par Loisel. 5ᵉ édition. 108 pages et 7 grav. . 1 25

Pelargonium, par Thibaut. 2ᵉ édit. 108 pag. et 10 grav.. . . 1 25

Pensée (Culture de la), par le baron de Ponsort. 1 volume de 108 pages. 1 25

Pépinières, par Carrière. 148 pages et 30 gravures.. . . . . 1 25

Pétunia — Rosier — Pensée — Primevère — Auricule — Balsamine — Violette — Pivoine, par Marx-Lepelletier. 108 pages.. . . . . 1 25

Pincement court ou **Pincement des feuilles** 2ᵉ édition, par Grin 1 25

Plantes de serre froide, par de Puydt. 157 p. et 15 grav.. . 1 25

Potager (Le), jardin du cultivateur, par Naudin. 187 p., 34 gr. 1 25
Chacun de ces volumes est vendu séparément.

La Librairie agricole de la MAISON RUSTIQUE publie chaque année un bel **ALMANACH-CALENDRIER** richement exécuté en chromo-lithographie, et contenant au verso un aide-mémoire avec les renseignements indispensables aux cultivateurs, tels que : Travail qu'on peut exiger des attelages, d'un journalier ; poids de toutes les denrées ; rendements des animaux, etc.

Le prix de l'**ALMANACH-CALENDRIER** pour **1868** est de **2 fr.**

FIN.

PARIS. — IMP. SIMON RAÇON ET COMP., RUE D'ERFURTH, 1.